“十三五”普通高等教育本科部委级规划教材
苏州大学“十三五”品牌专业培养资助项目

服装款式设计1000例

CASES OF CLOTHING STYLE DESIGN

李飞跃　黄燕敏 | 编著

中国纺织出版社

内 容 提 要

本书为“十三五”普通高等教育本科部委级规划教材。

本书在介绍服装款式概念和设计基础上，针对服装设计院校学生的特点着重介绍服装款式设计，汇集展示了1000例服装流行款式，确保时尚和实用，便于学习者查阅和借鉴。本书共分六章，从服装款式的理论知识到款式图的绘制方法；从领子、袖子到服装款式的设计，每个章节都有详细的理论知识和实例分析，以及部分彩色系列款式设计过程展示。

本教材图文并茂，有大量实例，既可作为高等院校服装设计专业教材，也可作为行业相关设计人士学习参考。

图书在版编目（CIP）数据

服装款式设计1000例／李飞跃，黄燕敏编著．--北京：中国纺织出版社，2019.5（2023.1重印）

“十三五”普通高等教育本科部委级规划教材

ISBN 978-7-5180-5713-9

Ⅰ．①服…　Ⅱ．①李…②黄…　Ⅲ．①服装设计—高等学校—教材　Ⅳ．①TS941.2

中国版本图书馆CIP数据核字（2018）第280676号

策划编辑：魏　萌　　责任编辑：谢冰雁
责任校对：楼旭红　　责任印制：王艳丽

中国纺织出版社出版发行
地址：北京市朝阳区百子湾东里A407号楼　邮政编码：100124
销售电话：010—67004422　传真：010—87155801
http://www.c-textilep.com
E-mail: faxing@c-textilep.com
中国纺织出版社天猫旗舰店
官方微博 http://weibo.com/2119887771
北京通天印刷有限责任公司印刷　各地新华书店经销
2019年5月第1版　2023年1月第4次印刷
开本：787×1092　1/16　印张：12.5
字数：120千字　定价：49.80元

凡购本书，如有缺页、倒页、脱页，由本社图书营销中心调换

序

2000年9月，我在香港理工大学纺织制衣学系攻读硕士研究生学位时结识了同样来自内地院校的青年才俊李飞跃。并在一年多的学习与交往中，感受到了他对服装设计专业的热情与执着，也看到了他向专业更高层次努力的决心。李飞跃老师来自人杰地灵的苏州大学艺术学院，祖籍湖南。为人谦虚好学，既有江南的灵气，也有湖南人的执着，且一直活跃于服装行业的第一线。多年以来在教学之余，一直坚持为服装企业做品牌策划和产品设计服务，将理论与实践相结合，有着丰富的服装款式设计经验和理论知识。

服装款式，指服装的式样，通常指形状因素，是造型要素中的一种。在“服装设计”这门学科中，服装的款式设计有着极其重要的地位，是服装设计师必须具备的业务素质之一。

作者经过对国内外有关教学单位和生产单位的学习与考察，通过对不同品类服装款式的分析与比较，总结多年服装结构设计的教学体会，吸收服装企业生产的实践经验，做了有深度的理论研究与实践探索。

在介绍服装款式的概念、服装款式设计的基本方法的基础上，作者针对服装设计院校学生的课程特点，着重探索了服装款式设计，汇集出服装流行款式，并确保时尚和实用，深入浅出，详实地论述了服装款式的变化规律、设计技巧和绘制过程，有很强的理论性、系统性、实用性。在服装设计教学和企业实际操作过程中，均取得了满意的效果。

书中所建立的理论体系和实践方法来源于生产实际，符合现代服装设计生产和管理的要求，有助于读者迅速、科学地掌握原理，运用规律，举一反三。

对服装设计和研究提供有价值的参考，对我国服装高等教育款式设计体系的研究和形成起到了积极的推动作用。

今天看到朋友的成果，我也十分高兴。这将对国内服装行业的学习与教学等各方面都起到良好的作用。对于学以致用的作者来说也是一个新的起点。

清华大学艺术学院教授

肖文陵

2018年10月

前言

服装高等教育在我国虽然只有30多年的历史，但在服装领域的各个方面都取得了丰硕的成果。特别是在教材建设上，每年都有新颖的教材问世，这对服装高等教育和服装行业的发展有着很好的推动作用。

在多年的教学实践中，我们汲取了许多前辈撰写的优秀教材中基础部分的精华，获益匪浅。但对服装设计专业的学生而言，不但要培养他们对款式设计的创意思维，同样也要培养他们在设计服装款式时的大胆并符合现代服装发展规律的创新观念。既有现代服装的时尚性，也有服装的穿着性，并善于创新，这才是我们培养设计师的目标。因此我们在日常的教学中，在尊重服装款式基础知识的平台上会引导、鼓励学生对服装款式进行解构、重组等创新实践，并通过各类绘图软件的反复练习，使学生可以更好地掌握服装款式的变化及设计运用；老师也可以对款式做出更为客观的点评，与学生共同探讨修改方案。这样的教学方法很受学生的欢迎，大大提高了学生对服装款式设计课程的兴趣。为了分享我们的教学理念，我们精心撰写了此教材，并亲手做了大量的案例供大家参考。对有着一定服装款式设计基础的人会起到很好的启发作用，从而提升自主款式设计能力，同时对参加服装设计大赛的同学也会有一定的帮助。

在此感谢岳满、王胜伟等同学的大力支持，感谢为我们提供课程作业资料的每一位同学。

编著者

2018年7月

教学内容及课时安排

章 / 课时	课程性质 / 课时	节	课程内容
第一章 / 8	基础理论 / 12	•	**服装款式设计概述**
		一	服装款式设计的定义
		二	服装款式设计的构成要素
		三	服装款式设计的风格表达
第二章 / 4		•	**服装款式设计美学原理**
		一	服装形式美要素
		二	服装形式美法则
第三章 / 8	基础练习 / 8	•	**服装款式设计**
		一	服装款式的廓型设计
		二	服装款式的结构设计
		三	服装款式的系列设计
第四章 / 4	基础绘图方法及拓展练习 / 4	•	**服装款式图绘制方法**
		一	服装款式图绘制的基本要求
		二	服装款式图绘制的基本方法
第五章 / 32	案例分析及绘制练习 / 56	•	**女装款式图解设计案例分析**
		一	局部细节设计案例分析
		二	女式上装款式设计案例分析
		三	女式下装款式设计案例分析
第六章 / 24		•	**男装款式图解设计案例分析**
		一	男式上装款式设计案例分析
		二	男式下装款式设计案例分析

注 各院校可根据自身的教学特色和教学计划对课程时数进行调整。

目　录

基础理论

基础练习

服装款式设计概述

课题名称：服装款式设计概述

课题内容：服装款式设计的定义/服装款式设计的构成要素/服装款式设计的风格表达

课题时间：8课时

教学目的：了解服装款式设计的定义、构成要素及风格表达，对服装款式中廓型、结构、比例、细节等方面的相结合有全方位的认知，并形成完整的服装款式设计概念。

教学方式：教师通过PPT讲解基础理论知识，学生在阅读、理解的基础上进行探究，最后教师再根据学生的探究问题逐一解答并分析。

教学要求：要求学生全面掌握相关的服装款式设计概念以及服装款式构成等基础知识，了解服装款式设计的构成原理、款式设计的意义及其时尚趋势演变。

课前/后准备：课前提倡学生多阅读关于服装款式设计的基础理论书籍，课后要求学生通过反复的操作实践对所学的理论进行消化。

第一章　服装款式设计概述

第一节　服装款式设计的定义

服装，即遮体之物，指的是衣服、鞋包、配饰等的总称，多指衣服。其同义词有“衣服”和“衣裳”。最广义的衣物除了躯干与四肢的遮蔽物之外，还包含了手部（手套）、脚部（鞋子、凉鞋、靴子）与头部（帽子）的遮蔽物。服装在人类社会发展的早期就已出现，古代人把身边能找到的各种材料做成粗陋的“衣服”，用以护身。人类最初的衣服是用兽皮制成的，而包裹身体的最早“织物”是用麻类纤维和皮等材料制成的。

在国家标准中，对服装的定义为通过缝制穿于人体起保护和装饰作用的产品，又称衣服。服装设计既可以被理解为一门学科专业，也可以被理解为一种职业方向。通常服装设计是款式设计、色彩设计、面料选择与工艺细节设计的综合设计运用。在服装设计的过程中，只要把握好款式、色彩、面料、装饰的协调性，就能呈现出基本完整的服装设计方案。其中，款式设计作为服装设计中最先具象化的形式，是服装设计中的基础设计。

服装款式设计就是基于一定的设计目的和目标客户群，用点、线、面的形式表现出服装的廓型、比例和结构，包括服装的廓型设计与各部件设计。它是服装设计师在理解服装设计这一表达形式的基础上，对于想要进行设计的具体服装做出基本的平面定义，通常用黑、白、灰的线稿对服装的正侧、背面及内部结构和局部细节进行手绘表达或电脑绘制表达。

第二节　服装款式设计的构成要素

服装款式设计是服装设计诸多方面的一个重要组成部分，在进行款式设计之前，需要对款式的构成要素有基本的了解与掌握。款式的构成要素基本分为廓型、结构、比例、细节等方面。廓型是指对服装款式外的基本轮廓进行定位与深入明确，并且会受到人体结构与设计思维的重要影响；结构是指对服装款式的内部进行立体支撑；比例是指对服装款式的平面视觉美感进行协调；细节是指对服装的局部位置进行细化设计。将这四部分结合起来，才能构成完整的服装款式设计。

服装廓型在款式设计中属第一要素，它的视学感知度和强度高于服装款式中的其他要素，在服装中也仅次于色彩元素。因此，从人的感知角度出发，色彩和款式中的廓型决定了一件衣服带给人的第一印象。服装廓型经过20世纪的变革与提炼，已形成了部分通用的廓型。服装本身是因实现遮体御寒功能而出现的，但随着设计思维的重视与发展，它越来越多地承载着表现美、体现地位与身份、协助进行特殊活动等新的功能。因此，影响服装款式的因素不仅包含人体的空间结构，还包括服装设计师的设计目的与设计风格。

一、人体结构因素

服装是依附人体而存在的，而人体是属于三维空间的实体，因此通常意义上，服装款式的基本要求是符合人体结构需求而进行立体形态的塑造，即要便于让人穿着。人体结构中支撑并表现服装的主要有肩、胸、腰、臀等部位，男性与女性呈现不同的肩宽、胸围、腰围和臀围之间的差距。女性的各部位数值差体现了其身体的曲线感，肩宽与臀宽数值接近，正面的X形较明显；而男性呈现的则是倒梯形的视觉效果，肩宽一般是最宽值（图1-1）。

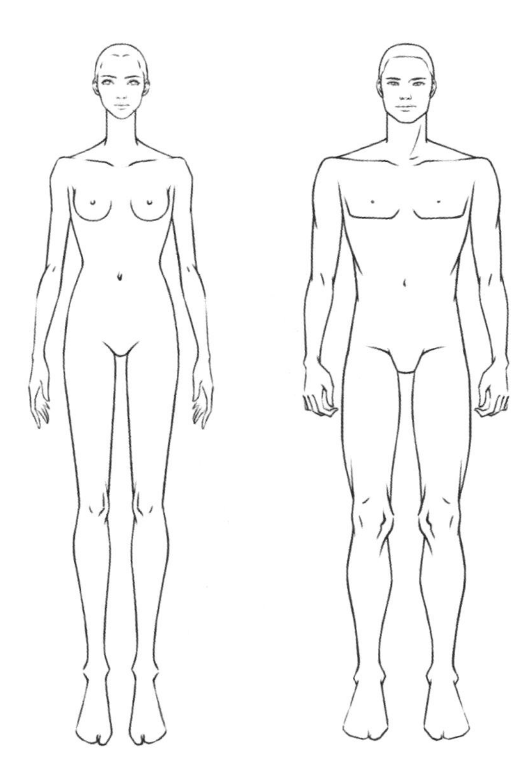

图 1-1

二、设计表现因素

除了人体结构因素对服装款式产生的影响之外，在现代服装设计中，设计表现因素也是重要的一部分。19世纪末，自出现了现代服装设计史上真正意义的设计师以来，之前被称为服装裁缝的人士渐渐都转变为服装设计师，而服装设计师也渐渐成为一个新兴的职业被大众认可。他们对于服装的理念与掌控从被动转向了主动，在服装设计的过程中表现了诸多的主观思想。设计师的审美情趣、文化价值观念、人文艺术及修养、时尚敏锐度等诸多因素，决定了设计表现的综合品位及设计素养。

三、廓型

服装款式的廓型，即服装款式的外轮廓形状。它受人体结构与设计师的设计意图影响而呈现不同的轮廓类型。通常服装款式的廓型分为概括式与细分式。概括式廓型是初步定义款式廓型的方法，通常有三种常用分类：一是用英文字母来表示，不仅容易辨识与记忆，而且全球通用；二是以几何造型命名，如长方形、圆形、椭圆形、梯形、三角形、球形等，这种分类整体感强，造型分明；三是用具象事物来进行描述，如郁金香形、钟形、喇叭形等。细分式廓型即在概括式廓型的基础上进行深入的概括与区别，通常是由同类概括式廓型发展而来的局部变化与延展。服装廓型是服装款式美感的重要体现，以服装廓型为服装款式设计的设定基础，以结构与细节来支撑廓型，进而达到款式的细化与整体风格的统一（图1–2、图1–3）。

图 1-2

图 1-3

四、结构

服装的面料是平面的存在，因此对于人体而言，面料与人体空间的关系需要通过若干块面料组合在一起，形成立体并适体的服装。服装款式的廓型表达了服装的基本外轮廓造型，而服装的内部结构才能真正支撑起服装款式的立体空间。其内部结构的设计包括注重功能性或装饰性的分割线，以及表现人体三维空间效果的减量与增量设计。服装款式通过外部廓型与内部结构相结合，构成适合人体的立体空间造型，而廓型与结构都会随着时尚流行的变化而产生变化，这些变化也是服装设计师进行款式设计时所应去了解的（图1–4、图1–5）。

图 1–4

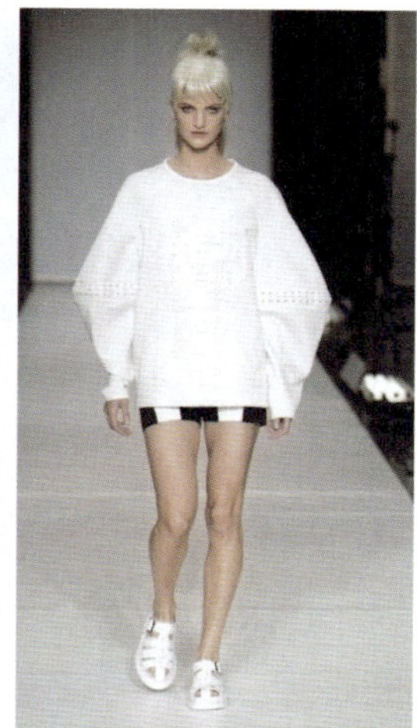

图 1–5

五、比例

“比例”一词来自数学领域，后被运用到美术与设计领域，是指物体形状之间长宽、面积、厚薄的平衡关系。在服装的款式设计中，比例关系尤其重要，它关系着款式的整体与部分、部分与部分之间形成的美学感受。对于几乎相同的款式，具体部分的比例不同，则会形成差别式的美感，这往往就是不同层次品牌的款式区别之一。在服装款式设计中，需要了解并掌握“基准比例”和“黄金分割比例”等常见的比例概念，以提升设计师运用比例关系来加强设计的能力（图1–6）。

图 1–6

六、细节

服装的款式由每一个局部的细节设计构成。细节设计是与服装风格、廓型相统一的深入设计，包括功能性的细节设计与装饰性的细节设计，两者又通常融合在同一细节中。功能性的细节指服装款式中的一些常规构成部件，如领子、袖子（图1-7）、口袋、门襟、腰头等，主要以实现服装适合人体穿着的功能。装饰性细节是指在款式设计中，为了突出设计风格与美感而增加的细节设计，往往与装饰工艺相关，如刺绣、印花、绲边、钉珠等。装饰性细节是深化款式设计的重要设计部分，能反映设计师对于款式个性的理解，也是区分众多相同廓型款式的元素。巧妙的细节设计往往将功能性与装饰性结合在一起，并与款式的廓型和风格完美融合。而画蛇添足的细节设计往往会破坏服装款式的整体感。

图 1-7

七、服装工艺

在服装设计过程中，设计图最终需要通过制板、裁剪、缝纫、后整理等多道工序完成最终的实物表现。设计图能转化为真实的服装是服装设计的最根本作用。因此，款式设计需要与服装工艺相结合，虽然在款式图纸上无法完全表现出工艺特征与过程，但工艺是隐藏在图纸背后的重要元素。款式设计中的每一根线条、每一个细节都需要有相关工艺的支撑，并具有可实现的技术，这样的款式设计图才能在真正实现的过程中给制板、裁剪、缝纫等相关技术人员有效的指示。对于服装款式设计图而言，并不是该款式所有的制作工艺都可以用平面线条表现出来，但对于可实现的分割线、局部细节、装饰工艺等，则可以在图纸中比较完善地绘制清楚。款式设计中常用不同的线条形式来表现相关内容与工艺：实线表示款式轮廓、结构分割线、省道、褶皱、辅料、图案等（图1-8）；虚线表示缉缝的明线线迹。其中线条可以表现的常见工艺细节有包边、绲边、三针五线、套结等。包边是指在衣片面料边缘用条状面料或辅料进行包裹并压线。绲边是指在面料边缘或面料拼接处用条状面料或辅料相嵌并压线，有时会在其中包裹立体棉线。三针五线是指结合双直虚线与折虚线，用以表现在针织面料服装中的收边压线。套结是服装中用以固定局部附件的集中缉线，常用一小段之字形的密集折线表现。

图1-8

第三节　服装款式设计的风格表达

风格是指艺术作品的创作者对艺术的独特见解，以及用与之相适应的独特手法所表达出来的作品的面貌特征，而且必须借助于某种形式的载体才能体现出来。风格是创作者在长期的创作实践活动中逐渐形成的，创作观念的改变会带来作品风格的转换。服装设计风格是指服装整体外观与精神内涵相结合的总体表现，是服装所传达的内涵和感受。服装风格能传达出服装的总体特征，给人以视觉上的冲击和精神上的作用，这种强烈的感染力是服装灵魂的所在。

服装设计追求的境界是服装风格设计，即创造崭新的服装风格。

服装风格是一种对同类服装的美学统筹概念，即指按照某一标准所归纳的服装在形式和内容方面所表现出来的文化内涵和艺术特色。服装风格不仅反映了该类型服装设计生产时的时代背景、社会面貌及民族特色，更是该时代服装材料、技术的综合呈现。它常见的划分依据有：以时代划分，如各个年代的风格；以艺术形式的来源划分，如音乐中的嬉皮士风格、朋克风格，绘画中的超现实风格，建筑中的极简风格、巴洛克风格等；以民族划分，如日式风格、法式风格、波西米亚风格、英伦风格等；以职业身份和社会属性划分，如军装风格、学院风格、通勤风格；以穿着者的个性与情调划分，如中性风格、淑女风格、浪漫风格；以地域划分，如田园风格、地中海风格；以服装品牌划分，如香奈儿风格、迪奥风格等。随着服装产业的发展与进步，服装风格的划分越来越灵活，范围也可大可小，大到可用简洁的形容词来概括，如奢华风格、简约风格、性感风格等；小到将个人的穿着归纳成各种风格，如玛丽莲·梦露风格、麦当娜风格等。不同的服装风格之间有子集关系，也有交集关系，不存在泾渭分明的划分。任何一种服装风格的形成都是服装设计师或服装品牌与时代文化的结合，而设计师和品牌所追求的境界也是自我风格的确立，并被社会与消费者接受，使自身成为一种新风格的代名词。每一种服装风格都是由众多的服装个体累积而成。服装个体与服装风格之间存在着点与面的关系，即由相同与类似设计元素的服装集合在一起就形成了某种服装风格。因此，每一种成熟的服装风格都可以提炼出常见的服装款式与设计元素，设计师也会从成熟的风格中寻找灵感，从而结合自己的想法创造出新的服装风格。服装风格是服装个体日积月累的结合，而服装个体又从既成的服装风格中不断地发展与创新。以下通过对常见服装风格的分析，将服装款式与风格之间的关系进行更直观的展示。

要达到服装造型设计的目的很容易，用不同的手法使服装面料结合起来并与人体发生关系就可以了，但这并不意味着风格随之产生。要创造一种服装风格，必须在大量设计的基础上，在积累了丰富的设计经验以后，在正确认识风格的形成及其类型的前提下，才能创造出具有深刻内涵的服装风格。服装风格的划分有很多，不同的划分标准赋予服装风格不同的涵义和称呼。

一、服装款式设计风格的意义

在现代服装设计中，划分服装风格具有很重要的意义。可以分别从美学概念上的造型意义和利益概念上的商业意义来分析。

1. 美学概念上的造型意义

造型意义的服装设计属于造型艺术范畴，同所有的造型艺术形式一样，通过色、形、质的组合表现一定的艺术韵味，服装风格就是这种韵味的表现形式。好的服装作品就是一件造型艺术品，有自己的风格倾向和涵义。当服装被当成一件艺术品来欣赏的时候，服装强调的就是它在某种风格上的造型意义。从这个意义上讲，营造风格是为了以不同的理念传达美，构思精巧、风格鲜明的设计有着非凡的视觉冲击力，可以给人的心灵带来强烈的震撼力。尤其是发布会服装、表演性服装，它们更强调服装的造型美感，一般仅从造型美的角度创造服装而很少考虑其实用性，更不会考虑其商业价值。许多世界服装设计大师都有自己的设计风格，他们每年都会举办时装发布会，这些作品大都传递了一种理念，把服装当作一件艺术品展示给世人，同绘画创作、影视艺术、雕塑建筑一样带给人美的享受。许多设计作品甚至还会像其他艺术品一样被收藏（图 1–9）。

2. 利益概念上的商业意义

在服装设计中，最使人感到困扰的、也是压力最大的就是服装风格的营造和把握问题。对于服装业来说，只有生产厂家或设计师的主观意念是远远不够的，以创造商业利润为目的的服装生产的关键是要得到商家和消费者的认可。从这个角度讲，划分和把握服装风格是为了更好地、分门别类地设计出受消费者欢迎的服装作品，以创造更多的商业利润。服装作为一种商品，在设计时必须以消费者为对象，而消费者是一个覆盖范围非常广泛的概念，由于年龄、性别、文化素养、审美情趣、社会地位等的不同，对服装的认识、理解和偏好也有所不同，使得设计师在进行设计时必须考虑到不同层次消费者的不同需求。只有做到这一点，对自己的服装产品进行合理的风格定位，设计师才可能寻找到合适的消费群体，借此达到为服装产业创造商业利润的目的。风格的形成是设计师走向成熟的重要标志，也是区别于一般设计作品的重要标志。

图 1-9

二、设计师与设计风格的关系

服装风格的形成与设计师有不可分割的关系，设计师的性格、偏好以及经历等都会影响服装风格的形成和改变。服装设计的风格是在时代、社会、经济、文化等大背景下形成的，设计师会将自己对所见所闻的感受和见解通过具体的服装表现出来。每个设计师对生活和事物的态度和体验不同，表现在服装上的设计风格就会有不同的倾向。服装风格一般可分为设计师风格和设计作品风格。设计师风格典型地代表了设计师的个性、生活态度、审美倾向、文化修养等，从宏观角度界定了某个设计师或某一品牌的总体风格。世界上许多服装设计大师的设计作品都不同程度地带有他们各自情感倾向、社会阅历的影子。例如意大利服装设计师詹尼·范思哲（Gianni Versace）崇尚本国历史，钟爱文艺复兴时期的文化，所以他的设计作品中独具风格魅力的是那些具有丰富想象力的、充分展示文艺复兴时期特色的华丽款式。

在面料选用上的风格通常是指具体服装设计中的风格。设计作品风格与设计师风格有密切联系，很大程度上会被设计师风格影响和左右。即使同一设计师，由于各种主客观因素的变化，其作品风格会有暂时的波动性变化，设计作品风格可以随时代、流行的变化而不断变化，形成阶段性的设计作品风格。这在品牌服装设计的具体运作中尤为重要，设计师既要保持自己既有的独特设计风格，又要使得设计作品适应时代变化。

三、服装设计风格的表现要素

1. **廓型**

廓型是指服装的外轮廓和外形线，它是流行变化的重要标志之一，也是系列服装造型风格中重要的视觉要素。同时，廓型也是区别和描述服装的重要特征，服装造型风格的总体印象是由服装的外轮廓决定的。例如经典风格和优雅风格服装廓型多为X形和Y形，A形也经常使用，而O形和H形则相对较少；而在运动风格的服装中最常用的廓型却恰恰是自然宽松、便于活动的H形、O形等。服装廓型的背后隐含着风格倾向。

2. **色彩**

在设计要素中，色彩能最先吸引人的注意力，当我们在商店或其他一些场合接触某一服装产品的瞬间，色彩总是最先进入我们的视线，传递出时尚的或经典的、优雅的或休闲的等信息。在服装发布会上或服装设计比赛中，色彩组合表达出来的色调远远看来更是吸引观众和评委的视觉要素，能够吸引人们进一步仔细观看，并留下深刻的印象。不同的色彩带给人们不同的感受，具有不同的风格表现力。例如：田园风格的服装以自然界中花草树木等的自然本色为主，如白色、本白色、绿色、栗色、咖啡色等；时尚风格的服装则较多使用黑白灰色调以及现代建筑色调等单纯明朗、具有流行特征的色调；而运动风格的服装则十分偏爱非常醒目的色彩，经常选用天蓝色、粉绿色、浅紫色、亮黄色以及白色等鲜艳色。风格化的配色设计，可以非常明确地传达出服饰风格的色调意境（图1–10、图1–11）。

图 1–10

图 1–11

3. **面料**

面料对于服装风格的影响也是比较明显的。不同的面料具有不同的质感和肌理以及服用性能，人的感官能够感觉到的方面主要表现在织物的手感、视觉感和穿着触感等。这些不同的表现决定了面料的使用方式和设计风格，不同风格的服装有不同的塑形性和表现力。奇特新颖、时髦刺激的面料如各种真皮、仿皮、牛仔、珠光涂层面料等多用于前卫风格的服装；轻薄且透明的纱质面料适用于淑女风格的服装，如公主裙；织锦缎、丝绸等面料则适用于民族风格的服装，如中国传统节日穿着的中式服装则基本使用这类面料，同时面料上会经常有团花图案、传统纹样等；而厚重的麻织物或绒毛面料则特别适合表现线条清晰、廓型丰满、庄重沉稳风格的服装（图1-12）。

图1-12

4. 细节

在服装风格表现中，细节设计也是非常具有表现力的一个方面。不同的风格会有不同的细节表现。比如，前卫风格中多会出现不对称结构，领子比普通领型造型更加夸张且左右不对称；衣片和门襟也经常采用不对称结构，尺寸变化较大，分割线随意无限制；袖山高且夸张，如膨起、露肩等。而古典风格的领型多为常规领型，使用常规分割线；袖型以直筒袖居多；门襟纽扣对称，可有少量的绣花或局部印花等。可见，服装设计中所有细节设计几乎都是强化某种风格的设计元素（图1-13、图1-14）。

图1-13

5. 服饰品

廓型、色彩、面料作为最主要的设计元素可以表现服装形象的基本风格，但是作为搭配元素的服饰品，选择合适与否往往会增强或完全改变一套服饰的整体形象或一系列服装的整体效果，不同风格的服装需要风格与之相适应的服饰品来搭配。比如，粉红色的淑女风格套裙如果要搭配帽子，可能需要一顶同色系、优雅大方的小礼帽，鞋子则可能需要搭配一双皮鞋，如果戴太阳帽、穿运动鞋那就显得非常不协调了；再比如，休闲风格的牛仔套装则可能需要搭配一顶休闲帽，如太阳帽、鸭舌帽等，鞋子则可能需要选择一双半高筒靴或厚底休闲皮鞋。不同的服饰品有其相对固定的搭配范围，如棒球帽、

图1-14

旅游鞋、运动鞋、太阳镜、休闲包等服饰品给人运动休闲的印象，是运动风格服装常用的服饰品；贝雷帽、长筒靴、宽腰带则会让人觉得时尚休闲，是时尚休闲风格服装常用的服饰品；礼帽、皮鞋等服饰品则经常用于古典风格服装。选择合适的服饰品不仅能够烘托服装的风采，而且也能增添着装者本身的魅力（图 1–15、图 1–16）。

图 1–15

图 1–16

6. 发型

发型是塑造个性美和时尚美的一个重要因素，是整体形象设计的一部分。发型与服装的巧妙搭配能更好地体现服装风格。一种合适的发型配以相应风格的服装，将会使着装者倍添风采；反之，即使着装者的服装和发型都是最流行、最时髦的，也会带给人不舒服的感觉。比如，为了与经典风格服装相配，男性可将头发吹风定型，使发型饱满、精神，并要经常梳理，避免头发凌乱；女性不论卷发还是直发，均应使发型具有端庄、大方的美，且头发不宜太蓬松。而对于前卫风格的服装，常配以梳向一边的长发、漂亮的披肩发、活泼动人的短发或看似随意的束发、盘发、辫子。轻快风格的服装显示出一种天真活泼、青春活力的学院风，与之相适应的发型也应该是充满朝气的，活泼轻松的直发、齐耳短发、刀削发均适宜（图 1–17）。

图 1–17

7. 搭配

服装搭配体现的是一种着装状态，是服装穿着搭配的最后整体着装效果，有时也包括妆容设计等。服装搭配是整体服饰形象的第二次设计，也是设计师传递服饰风貌的设计方式之一，通常还是某一种生活方式或社会环境背景的体现。例如，现代人追求以人为本、轻松、闲适、健康的生活，反映在服装搭配方式上就是混搭、随意。可以是随意的休闲外套配宽松的阔脚裤、牛仔裤，脚穿休闲皮鞋、运动鞋，再配以随意的挎包、休闲帽等；抑或是T恤与小西装、运动鞋的混搭等。同样的服装，穿着或搭配的方式不同，其外观效果也不相同。因此，服装的搭配方式也成了流行的内容，是服装风格的一种表现（图1-18、图1-19）。

图1-18

图1-19

小结

1. 服装款式设计就是基于一定的设计目的、目标群体，用点、线、面的形式表现出服装的廓型、比例、结构，包括服装的廓型设计与各部件设计。

2. 服装是依附人体而存在的，而人体是属于三维空间的实体。因此，在通常意义上，服装款式的基本要求是在符合人体结构需求的基础上进行立体形态的塑造，还要便于穿着。

3. 除了人体结构因素对服装款式产生的影响之外，在现代服装设计中，设计表现因素也是重要的一部分。

4. 风格是指艺术作品的创作者对艺术的独特见解和通过与之相适应的独特手法所表达出来的作品的面貌特征，风格必须借助于某种形式的载体才能体现出来。

5. 在现代服装设计中，划分服装风格具有很重要的意义。可以分别从美学概念上的造型意义和穿着意识形态上的商业意义来分析。

思考题

1. 廓型、比例和结构与服装款式设计有怎样的关系？
2. 服装款式风格划分的意义？
3. 如何将款式设计与艺术效果相结合？
4. 人体结构因素对服装款式设计的影响？

服装款式设计美学原理

课题名称： 服装款式设计美学原理

课堂内容： 服装形式美要素/服装形式美法则

课题时间： 4课时

教学目的： 让学生了解并掌握服装形式美要素和服装形式美法则。在理解掌握服装款式设计的基础上进行拓展创新设计。

教学方式： 教师通过PPT讲解基础理论知识，学生在阅读、理解的基础上进行探究，最后教师再根据学生的探究问题逐一解答并分析。

教学要求： 要求学生进一步了解相关的服装概念以及服装款式的美学原理等基础知识，了解服装形式美要素和服装形式美法则的基本原理。

课前/后准备： 课前提倡学生多阅读关于服装款式设计的基础理论书籍，课后要求学生通过反复的操作实践对所学的理论进行消化。

第二章　服装款式设计美学原理

第一节　服装形式美要素

形式美的概念：所谓“美”是经过处理，在有统一感和秩序的情况下产生的。秩序是美最重要的条件，美是从秩序中产生的。把美的内容和目的除外，只研究美的形式的标准，这就是“美的形式原理”。

一、反复与交替

同一个要素多次重复或交替出现，就成为一种强调对象的手段。

在服装上，反复与交替是设计中常用的手段。在服装的不同部位经常出现造型和颜色的反复出现，就会产生节奏与韵律。

二、节奏

节奏又称律动，是音乐的术语。在造型设计中，是指造型要素具有规则地排列。在视线随造型要素移动的过程中，当感觉到要素的动感和变化时就产生了旋律感（图2–1）。

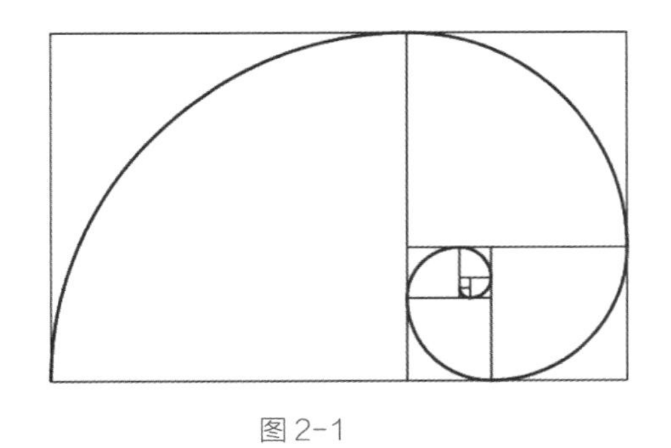

图2-1

在服装上，纽扣排列、波形褶边、烫褶、缝褶，以及线穗、扇贝形、刺绣花边等造型技巧的反复出现都会表现出重复的旋律。重复的单元元素越多，旋律感越强。

三、渐变

渐变指某种状态和性质按递增或递减的方式变化。

（1）渐变在服装中会产生非常优美而平稳的效果。

（2）运用色彩的渐变形成层次，在服装款式上，造型要素由大渐小、由小渐大、由强到弱、由弱到强都会形成渐变。如花色镶边、褶裥拼合、涡形纹样等。

（3）礼服和舞蹈服中采用多层花边装饰，层层递减，形成渐变，进而产生和谐优美的旋律。

四、比例

整体与部分或部分与部分之间往往存在着某种数量关系，这种关系就叫比例。即通过面积大小、长短、轻重等方面质与量的差，所产生的一种平衡关系。当这种关系处于平衡状态时，即会产生美的效果。

（1）服装造型与人体的比例：衣长与身高的比例，衣长与肩宽的比例，腰线分割的上下身长的比例，衣服的各种围度与人体胖瘦的比例。

（2）服饰配件与人体的比例：帽子、首饰、包袋、手套、腰带、鞋袜等配件的形状大小与人体高矮、胖瘦的比例。

（3）服装色彩的配置比例：各色彩块的面积、位置、排列、组合、对比与调和的比例；服饰配件色彩与衣服色彩的比例。

五、平衡

平衡原指物体平衡计量，如天平两边处于均等时就会获得一种平衡静止的感觉，即天平达到一种平衡状态。在力学上，指重力关系。在服装中，指造型上的对称、非对称、均衡。

（1）对称：对称是服装造型的基本形式，表现为上下、左右、前后形状的大小、高低、线条、色彩、图案等完全相同的装饰组合。对称形式适用于军服、制服、工作服等严肃的服饰，但即使是多变的时装也存在局部对称形式（对称是静态的平衡）。

（2）非对称：在服装设计中，平衡多用在不对称服装的外轮廓造型设计和内轮廓分割线镶拼上，以及上、下装的平衡设计中。

（3）均衡：均衡上下或左右不是指绝对对称的状态，而是指在分量上保持平衡的相对对称状态，是物体同量不同形或同形不同量的构成。服装造型的均衡通常指左右不对称却又有平衡感的形式（均衡是动态的平衡）。

六、对比

质和量相反或极不同的要素排列在一起就会形成对比，如直线和曲线、凹形与凸形、大和小。

（1）在服装上采用对比方式，即通过要素间的相互对立和差别，相互增加自己的特征，在视觉形式上形成强烈刺激，给人以明朗清晰的感觉。

（2）在服装设计中可以起到强化设计的作用。在外轮廓造型设计中经常会采用款式对比，以此来表现强烈的外观效果。在服装零部件、服饰品上都可以适当地与整体形成某种对比，如材质对比、色彩对比（面积的大小）。

七、协调

主要指各构成要素之间在形态上的统一和排列组合上的秩序感。

在不同造型要素中强调其共性，以达到协调及调和的效果，即形与形、色与色、材料与材料之间的和谐、协调，具有安静、含蓄的美感。服装造型的协调一般是通过类似形态的重复出现和装饰工艺手法的协调一致来实现的。

八、统一

统一指各个组成部分有内在的联系，作为一种手段，其目的是达成和谐，可分为以下几个方面。

（1）内容与形式的统一：着衣形式要与穿衣人的身份、职业、年龄、性别、身材、容貌、肤色、环境、气候、时代、民族习俗、思想、性格等内容相协调统一。

（2）服装构成要素的统一：服装的统一要求色彩、材料质感、造型款式的协调性。如男西装要求造型大方简洁、线条自然挺拔，面料上下一致、色彩稳重协调。

（3）外轮廓与分割线的统一：如外轮廓用流线型，内分割线也要用流线型；若前身有省道，后身也应有省道。

（4）局部与整体的统一：如领型、袖型、袋型、头饰、包袋、鞋帽、纽扣等部件与整体造型相同或相似，使个性融于共性，从而达到整体统一的美感。

（5）装饰工艺的协调统一：完美的服装造型要依靠精湛的工艺来体现，晚礼服的工艺装饰要华丽、典雅、高贵。法国印象派大师莫奈曾对绘画艺术的构成有过一段精辟的论述，“整体之美是一切艺术美的内在构成，细节最终必须服从于整体”。即各要素要协调统一，相映成趣，给人以美感。

九、强调

强调类似于统一原理中的中心统一，使人的视线从一开始就关注那些被强调的地方。

（1）强调使用在不同风格的服装中可以体现出独特的风格，如轮廓、细节、色彩、面料、分割线或工艺的强调都能体现各自不同的独特风格。如强调东方风格的婚礼服、强调古典风格的花边礼服、强调田园风格的休闲服、强调高科技的现代时装。

（2）强调的重点部位：领、肩、胸、背、臀、腕、腿等。

第二节　服装形式美法则

形式美法则的发展是一个从简单到复杂、从低级到高级的过程。各种形式美法则之间既有本质的区别，又有内容上的相互联系。

形式美是指客观事物外观形式的美，是指自然生活与艺术中各种形式要素及其按照美的规律构成组合所具有的美。在美学上有人把形式美分为外形式的和内形式的。外形式是指客观事物的外形材料的形式因素，如点、线、面、形、体、色、质、光、声、动等，以及包括这些因素的物理参数等。内形式是指上述这些因素按照一定规律组合起来，以表现内容的完美和特殊的各种组织结构。内形式又被称为造型艺术的形式美法则。

服装设计师在创造服饰美的活动中，不仅熟悉了各种形式要素的特征，并能根据各种形式要素的“性格”而因材施用。同时通过对各种形式要素之间的构成关系的不断探索和研究，从而总结出各种形式要素的构成规律，这些规律被称为形式美法则。在诸多种类的形式美中，主要来浅析一下服装形式美法则中的对称和均衡。

一、对称

对称又称对等，是形式美法则之一。对称指事物中相同或相似的形式要素之间以相称的组合关系所构成的绝对平衡。对称是均衡法则的特殊形式。当均衡中心两边的分量完全相同时，也就是视觉上的重量、体量等感觉完全相等时，必然会出现两边形状、色彩等要素完全相同的情况，也就形成了规则的镜面对称。

人们把对称视为形式美法则是因为在大自然中存在着许多对称的现象。人们在对自然及审美对象的长期观察和了解中，发现了对称中所具有的美。对称首先来自于我们人体自身。例如，在人体的正中线上，其左右两边的人体结构要素：眼、鼻、耳、手、足等，它们在视觉上是绝对平衡的，所以说，人体是左右对称的。在平面造型艺术中，对称是一种构成方法，通过直线把画面空间分成两个相同的部分，不仅使处于对称关系中的质量相同，而且与分割线的距离也相等。

对称使人感到整齐、庄重、安静，而且可以突出中心。在对称的形式中，要素排列的差异性往往较小，一般缺乏活力，比较适于表现静态的稳重和沉静。

对称的形式一般有三种。

1. **左右对称**

也称单轴对称，它以一根轴线为基准，在轴线的两侧进行造型因素的对称构成。由于人体就属于这种单轴对称，因此，作为人体的附着物，衣服的基本形态也通常采用这种对称形式，如中山装、西装等款式的设计造型。有时左右对称在视觉上因过于统一而显得呆板，所以在局部做些小的变化可以弥补这一缺点。

图2-2

2. **多轴对称**

是指在服装的轮廓平面上，以两根或两根以上的轴线为基准，分别进行造型要素对称配置的情况。例如，双排扣西装中纽扣的配置就属于双轴对称。这种横平竖直的对称更加增添了服装的正式感。

3. **回转对称**

在服装轮廓的平面上，以某一点为基准，把造型因素按照相反方向做对称配置，给人以旋转的感觉。回转对称也可以理解为，在服装的轮廓平面内，以某一斜线为对称轴来安排造型要素。

二、均衡

图2-3

均衡也称平衡，是指在造型艺术作品的画面上，不同部分和造型因素之间既对立又统一的空间关系。在服装上表现为，虽然左右两边的造型要素不对称，但在视觉上却不会产生失去平衡的感觉。就如同一个老式的秤杆，在提绳的两端，物体的大小和重量都不相同，但秤杆却可以处在一种水平状态，这种现象就是均衡。人们在社会生活实践中，根据心理经验对不同的造型要素的力学性质有不同的感受。在服装平面造型中，其有着重要的构成意义。在服装平面轮廓中，要使得整体的轻重感达到平衡效果，就必须按照力矩平衡原理设定一个平衡支点。由于人的身体是对称的，这个平衡支点大多选在中轴线上。对于门襟不对称的款式，门襟上的某一点常常被选做支点（图2-2、图2-3）。

均衡的最大特点是在支点两侧的造型要素不必相等

或相同，它富于变化且形式自由。均衡可以看作是对称的变体，对称也可以看作是均衡的特例，均衡和对称都应该属于平衡的概念。均衡的造型方式彻底打破了对称所产生的呆板之感，而具有活泼、运动、丰富的造型意味。均衡的造型手法常用于童装设计、运动服设计和休闲服设计等，而对称的造型常用于制服、工装、校服、礼仪服等。均衡手法常常通过门襟、纽扣、口袋、图案及其他装饰要素来实现，均衡通常能产生更为强烈的艺术效果。

艺术是多姿多彩的，在实际设计时，一方面需要根据设计的要求来确定采用哪种形式法则；另一方面，对称与均衡的概念在使用时最好不要截然分开，使对称或均衡满足变化与统一的总则，这只不过是偏于对称的平衡或是偏于均衡的平衡而已。

在长期的审美活动中，人们反复接触具有审美意义的物质形态，从而使这些形式逐渐脱离了原来的内容，使这些形式具有了相对独立的审美意义，仿佛美就在于形式本身，而忘掉了它产生的本原。人们在实践中具有“一种考察对象时撇开对象的其他一些特征而仅仅顾及数目的能力，而这种能力是长期以经验为依据的历史发展结果。和数的概念一样，形的概念也完全是从外部世界得来的。”

只有好好理解和把握服装设计中的形式美法则，才能使设计作品更加绚丽多彩。

小结

1. 形式美的概念：所谓“美”是经过处理，在有统一感、有秩序的情况下产生的。秩序是美的最重要条件，美是从秩序中产生的。

2. 服装造型设计的形式美法则主要体现在服装款型、构成、色彩的设计，以及材料的合理配置上。要处理好服装造型基本要素之间的相互关系，必须依靠形式美的基本规律和法则。

3. 客观事物的形式是多种多样、五彩缤纷的，而且在表面上似乎看不出它的社会内容，但实际上形式美是人类在社会实践中，不断积淀的社会内容的总结。

思考题

1. 服装的形式美与服装款式设计有什么关系？

2. 服装形式美的具体表现？

3. 总结身边客观事物的服装形式美法则。

基础练习

服装款式设计

课题名称： 服装款式设计

课堂内容： 服装款式的廓型设计/服装款式的结构设计/服装款式的系列设计

课题时间： 8课时

教学目的： 让学生了解并掌握服装廓型的变化与设计，熟练绘制服装款式图，对服装结构进行合理设计，完整地进行服装的系列设计。

教学方式： 教师通过PPT讲解基础理论知识，做具体操作演示。学生在阅读、理解的基础上进行款式图的模仿操作练习，最后进行独立的创意设计练习，教师进行个别辅导，对每个同学的作业进行集体点评。

教学要求： 要求学生理解和掌握服装款式的廓型设计、服装款式的结构设计以及服装款式的系列设计，了解服装款式的基本理论知识，进一步拓展服装款式图与结构设计相结合的练习。

课前/后准备： 课前提倡学生多阅读关于服装款式设计的基础理论书籍，课后要求学生通过反复的操作实践对所学的理论进行消化。

第三章　服装款式设计

第一节　服装款式的廓型设计

服装廓型是服装风格、服装美感表现的重要因素，时装流行最鲜明的特点之一就是服装廓型的改变。因此，现代服装设计师们开始从二维平面向三维立体的方向发展，着重于服装立体廓型的塑造。本文通过对廓型的设计原理进行分析并探讨出其实现过程的造型手法，有助于人们对廓型内在因素的把握，从而提高服装廓型设计的效率及创新能力。

在服装设计中，廓型是设计的第一步，是主导服装产生美感的关键因素，同时也是影响设计和消费的首要或重要依据。廓型的设计带给人们的视觉冲击力大于服装的局部细节，决定了服装造型的整体印象。现代服装产品的设计是以人为本和更加人性化的。对廓型审美因素的探讨与研究能唤醒设计师在廓型设计中的自觉性和主动性，有助于设计师对审美特征的把握，从而提高工作效率和设计创新性，另外设计出来的服饰也更加符合人的审美标准，穿着起来也会更加的舒适得体（图3–1、图3–2）。

图3–1

图3–2

廓型（Silhouette），原义为黑色剪影，后转意指剪影画、外形及轮廓线。作为服装用语主要指着装状态的外部轮廓型，即“外廓型”或“外型”，它包含着整个着装姿态、衣服造型以及所形成的风格和气氛，是进行服装设计时非常关键的表现要素。因为它是服装造型特征最简洁明了、最典型概括的符号性表示。纵观古今中外服装史，不难发现服装的发展演变都是可以用廓型的变化来表现的。服装的廓型正如服装的整体骨架，可以描述出服装的基本风格和特征。服装廓型以简洁、直观、明确的形象特征反映着服装造型的特点，同时也是流行时尚的缩影。其变化蕴含着深厚的社会内容，直接反映了不同历史时期的服装风貌。服装款式的流行与预测也是从服装的廓型开始，服装设计师一般是从服装廓型的更迭变化中分析出服装发展演变的规律，从而更好地进行预测和把握流行趋势。

一、廓型的分类

廓型按其不同的形态，通常有几种命名方法：一可按字母命名，如H形、X形、A形、O形、T形等；二可按几何形状命名，如椭圆形、长方形、三角形、梯形等；三可按具体的事物命名，如郁金香形、喇叭形、酒瓶形等；四还可按某些常见的专业术语命名，如公主线形、细长形、宽松形等。服装设计随设计师的灵感与创意千变万化，服装的廓型也随之以千姿百态的形式出现。每一种廓型都有各自的造型特征和性格倾向。本书将以我国常用的字母命名法进行分类介绍。其实英文字母中几乎所有对称的字母都可以用来表示服装的廓型。在长期的女装设计实践基础上，逐渐沉淀下来的、人们较为认可的廓型类型有H形、X形、A形、T形和O形。这些字母表示法的主要作用是以最简单的方式将服装廓型的特征最直观地表达出来。

二、廓型的设计原理

前面我们提到了廓型的分类，通过练习观察就会发现，这些廓型之间并不是独立存在的。其实，改变基本廓型的某一部位就会形成向另外一个廓型转变的趋势。例如，H形的两条直线向内凹时会趋于X形，上宽下窄时就成了T形或倒三角形，其左右的两条直线向外凸时，呈酒桶形、钟形或椭圆形；X形的交点变宽时（腰身放宽）就趋于H形；A形下摆稍加变化时就会形成O形般可爱的蓬蓬裙下摆等。因此英国学者C. W. Cunnington曾经也提出服装廓型只有X形和H形两种类型，并且认为X形是女装的代表造型，而H形是男装的代表造型，两者之间相互交流变化，派生出许多各具特色的外廓型。由此可见，千变万化的服装外型其实是可以灵活改变的，也就是说我们在一个基准形态上，通过有意识地控制重点部位的松量变化是能够改变服装廓型的。

下面我们以连衣裙为例来进行廓型设计说明，连衣裙包裹了女性的躯干部分，贯穿了肩部、胸部、腰部、臀部这几个重要的凹凸部位，能体现出女性人体的特点。在连衣裙衣身廓型设计中，以符合人体曲线的S形入手，塑型的主要方法是通过收省或分割来实现的。省的用量大小决定了廓型，省的用量越大，连衣裙越合体并且接近S形；省的用量越小，越宽松且接近H形。下面按照字母型的分类方法对S、X、H、A四种廓型进行结构设计分析。

在表现S形的连衣裙结构设计时，需要考虑着装人体的曲线美，采用对女性人体凹凸区域收省的方式，突出女性的胸部和臀部，而在肩部和下摆部位则需要适当的收拢，以保证连衣裙廓型的曲线美。如要变为H形式宽松的直线型结构，设计过程中胸围线以上要保持合体性，在胸围线附近的前、后片纸样做横向分割，把前身胸省、后身肩胛省转移到分割线中，或者在侧边收一个比较隐秘的腋下省，这样既能保证服装的宽松效果，也能使女装呈现H形廓型。A形与H形在胸围线以上较为一致，都采用合体的造型，但下摆加大了。可以在H形结构设计的基础上将肩省、胸省都转移到下摆的量中，从而达到上窄下宽的A形廓型效果。X廓型常常通过一条公主线连接肩省、腰省以及下摆的增量，使之在成衣效果中形成一条贯穿衣身的流畅分割线。公主线分割能很好地表现女性人体的凹凸部位。与S形不同之处在于是X形加大了肩宽和下摆的尺寸。通过这个例子可以看出，女式连衣裙的廓型是可以通过内部的结构线变化的，通过改变收省或分割的方式，可以达到对廓型的改变。

三、特殊廓型设计

通过改变服装的廓型，能体现不同的服装风格，随着时代的发展，服装风格和表现手法日趋丰富，从而导致了服装廓型的多样性。所以在设计构思的时候，不妨按照人体比例先制出一些基本的图形，如方形、长方形、圆形、三角形、椭圆形等，将这些几何形进行反复拼排，练习廓型设计。在拼排过程中可以大胆地设想，不一定要依附于人体本身，但是要注意比例与尺度、节奏与韵律、平衡与对称等形式美法则的运用。有了对基本廓型的理解后，就能够从中组合、变形、衍生出众多的服装廓型，并由此产生新的视觉效果和新的情感内容。

廓型一旦通过几何形大致确定下来，就要考虑内在的表达形式了，毕竟服装本身不是简单的几何形就能表达的。选择什么样的表现形式、表现手法及面料都要经过深层次的思考。

四、廓型实现的造型手法

1. **面料造型**

面料本身的材质特性会对服装廓型产生很重要的影响，对于一般常规的面料，在不采取任何辅助材料支撑的情况下，通常采取的塑造廓型的方法有两种：第一种是通过面料的立体造型手法，如折叠、扎结、堆积、缝缀、扭转、抽缩等，并用其形成空间的体积感来达到塑型的效果；第二种塑型方法是通过一些结构点或线的制约，即利用面料本身的特性来达到塑型效果。这种方法选择的面料不能过于柔软，本身应具有一般的塑型性，如棉、毛、麻等，而避免选择丝绸类或纱类织物。另外，此方法对局部或小区域内的廓型塑型效果比较好，若要控制大范围或廓型比较夸张的造型则需要相对更为硬挺的面料。

除上述所说的常规面料外，近年来随着新型材料的研发，有利于服装塑型的面料也是层出不穷。塑型性原本是面料的一种固有特性，在过去很少被人关注，而且过去面料的塑型性相对比较弱，成人服装的塑型多半依赖辅料支撑，例如，欧洲早期的贵族女士服装和现代的某些舞台服装，只有面积较小或质量较轻的儿童服装才能用面料性能获取某些弧度造型。最近几年出现的PTT（聚对苯二甲酸丙二醇酯）形状记忆面料和仿记忆面料具有很强的弧度塑型性，使得一层轻薄面料就可能塑造出漂亮的弧形曲面，从而使夸张造型的时装进入普通人的生活，也使弧度塑型能完全凸显出来。

2. **边缘支撑造型**

所谓边缘支撑，就是在需要塑造廓型的一些边缘线条或重点部位上，通过鱼骨、铁丝等硬挺材料的辅助达到塑型效果。在设计过程中，需要在这些边缘处预留缝份，使支撑物能够从中穿过，达到廓型的塑造效果。当然这些支撑物也可以脱离服装本身，被制作成一种固定形态，穿着在外层服装的里面以达到同样的塑型效果。这类塑型手法比较常见，操作简单，效果也较为明显，常用于较大廓型或局部造型较为夸张的服装当中。例如我们常见的裙撑就是这种产物，在穿着过程中的选择会直接影响服装的廓型。另外，铁丝也是常用的辅助材料，由于铁丝在外力作用下可产生形变，而且定型效果较强，无较强外力作用不会发生造型变化。因此，在设计过程中可以根据需要曲折成任意想要的轮廓，而服装本身也会随之产生较大的形态变化。但由于钢丝自身重量较大，在使用中应充分考虑整个服装造型的重量，尽可能避免在服装造型的设计过程中大量使用。

3. **层叠式造型**

这类廓型的造型方法主要是通过内层有支撑作用的辅料来进行造型的。辅料的选择一般采用质地较为硬挺、但重量却很轻的纱质材料，这样既能起到支撑的作用，又不至于使服装过于沉重而显得笨拙。另外，可根据廓型的大小调整辅料的层数与用量，用得越多，轮廓的膨胀越明显，反之亦然。这种塑型的方法营造出来的效果比较圆润自然，而且较边缘支撑的方法更容易控制面料的走向，还可以根据实际效果进行灵活的调整（图3-3、图3-4）。

图3-3

图3-4

4. 填充式造型

填充式造型是根据所需廓型，用辅助材料进行填充以达到增大体积、控制造型的效果。填充的辅助材料需要是体积大但重量轻的，例如，软的纱质、棉花、絮类、泡沫塑料等。填充式材料一般处于外层面料与内层衬料之间，与服装形成一个整体，例如，我们冬日常穿的羽绒服就运用了此类方法。在服装设计的时候，填充法适用于一个封闭的空间或局部的塑型，不太合适大面积使用。

5. 辅助式塑型

柔软质地的面料不利于塑造廓型较为夸张的造型，反之如果是硬挺的面料或纸质材料，那么廓型的塑造是非常容易的。所以，如何将柔软的面料变得较为硬挺呢？其实很容易想到，可以在面料背面通过与一些硬挺度较好的材料复合，从而借助外力改变面料本身的硬挺度，这样就便于服装造型的塑造了，常用的辅助材料有硬纱和黏合衬类。例如在设计泡泡袖的时候如果不借用外力，肩部“泡泡”的形态因受到面料本身的制约，不会太过于夸张，但是如果我们在肩部打褶的时候和硬的纱衬复合在一起进行塑型，那么就能很容易使“泡泡”的造型高度与膨胀度都得到夸张的表现（图3-5、图3-6）。

图 3-5

图 3-6

服装廓型是服装形象变化的根本，人们总是在不断创造新的形象，产生新的廓型。未来服装的廓型是不可预知的，但其围绕美的设计主题是永远不会变的。深入地了解和分析服装廓型，掌握它的内在设计规律，使服装的外形轮廓与内在设计方法巧妙地联系在一起，从而使服装的形象更加丰富，其内涵也更具独特的设计风格特征。

第二节　服装款式的结构设计

服装款式图是指着重以平面图形特征表现的、含有细节说明的设计图。

一、服装款式图的作用

（1）服装款式图在企业生产中尤为重要，有规范生产指导的作用。实际上，服装企业里生产批量服装的生产流程很复杂，制作工序也很繁杂，每一道工序的生产人员都必须根据所提供的样品及样图的要求进行操作，不能有丝毫改变（单元公差允许在规定范围内），否则就要返工。

（2）服装款式图是服装设计师意念构思的表达。每个设计者设计服装时，首先都会根据实际需要在大脑里构思服装款式的特点，想法可能很丰富，但是最重要的是要将想法转化为现实。那么，服装款式图就成了设计师最适合的表达方式。

（3）服装款式图能够快速地记录印象。由于款式图绘画比效果图绘画简单，能够快速地把款式的特点表现出来，因此在服装企业里设计师更多的是画平面款式图。另外，在看时装表演或进行市场调查时，一般也多以服装款式图快速记录服装特点（图3-7、图3-8）。

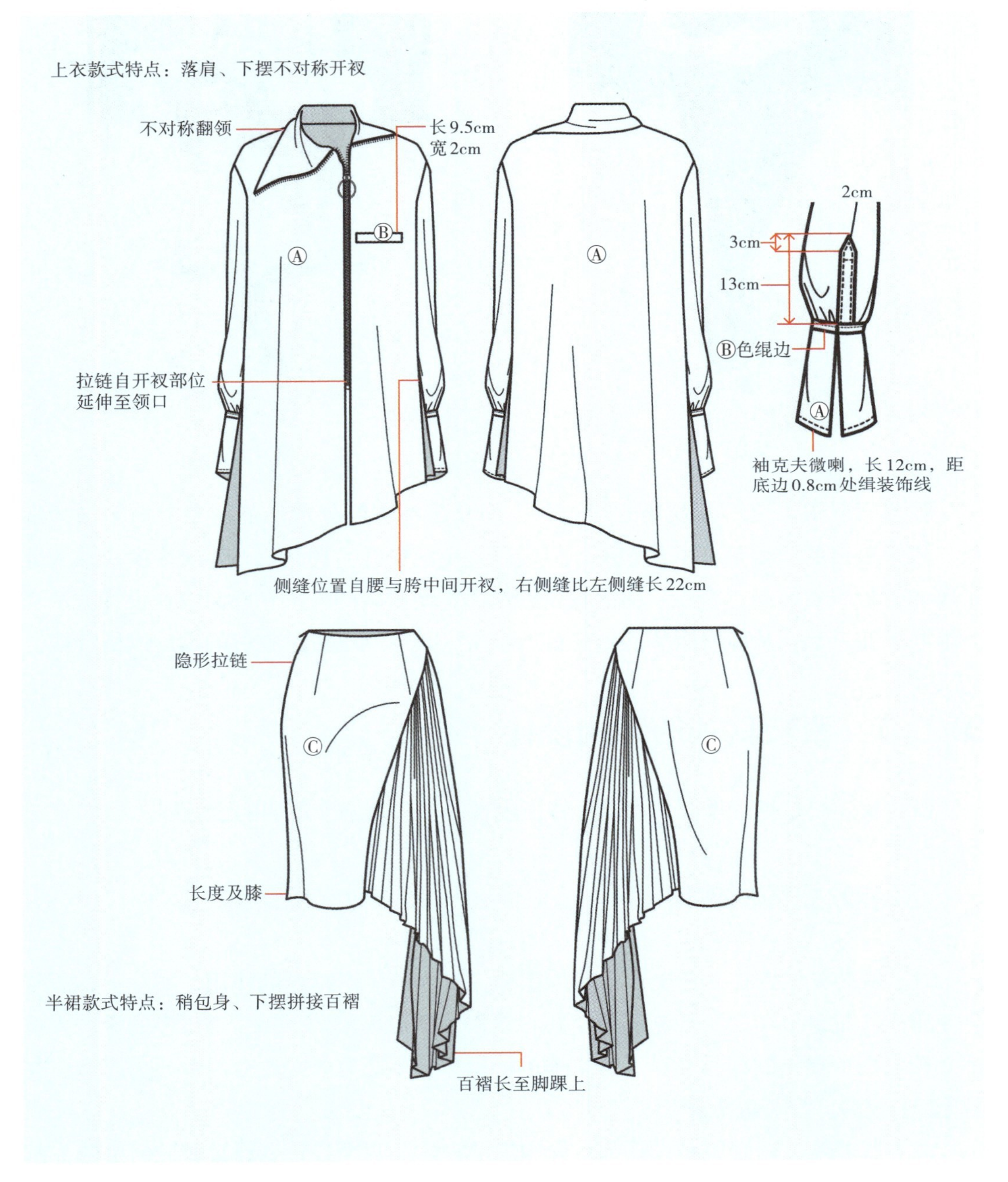

图 3-7

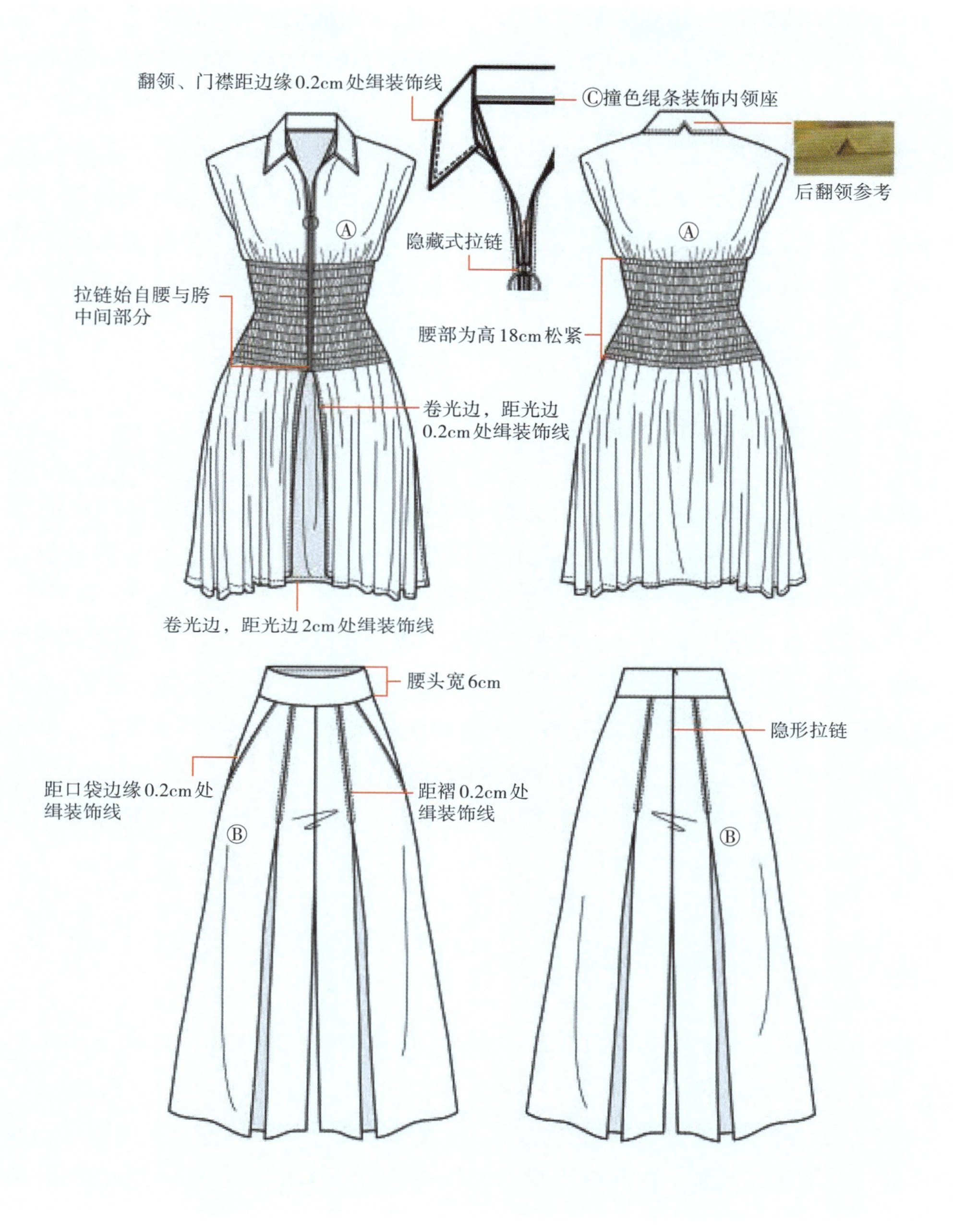

图3-8

二、服装款式图的绘制方法

1. 工具辅助绘制服装款式图

用尺子等工具辅助绘制的服装款式图的效果没有徒手绘制的款式图生动。要求绘画严谨、规范、清晰，一般被用来指导生产，在企业中运用较多，被称为“生产款式图”。现在很多企业借助CorelDRAW、Illustrator等软件绘制的款式图，其效果很好，效率也非常高。

2. 手绘服装款式图

手绘服装款式图的线条比较流畅，有活力、较随意，没有生产款式图精确，多为设计手稿，是表达服装设计师设计意念的第一步，也是设计师用来和别人沟通的依据。可以说手绘款式图是电脑绘图的基础，要想用电脑绘制好款式图，首先要具备手绘款式图的能力。

三、服装款式图的绘制要求

（1）服装款式图要符合人体结构比例，例如，肩宽、衣长、袖长之间的比例等。

（2）由于人体是对称的，凡需要对称的地方一定要左右对称（除不对称的设计以外），如领子、袖子、口袋、省缝等部位的对称。

（3）款式图线条表现要清晰、圆滑、流畅，虚、实线条要分明，因为款式图中的虚、实线条代表不同的工艺要求。例如，款式图中的虚线一般是表示缝迹线，有时也是装饰明线；实线一般表示裁片分割线或结构线，而加粗的实线表示服装外形轮廓线。在制板和缝制时，虚线和实线有着完全不同的意义。

（4）要有一定的文字说明，如特殊的工艺制作、型号的标注、装饰明线边距和线迹密度、各种标及缉线色号的选用等。

四、服装款式图的表现形式

常用的服装款式图表现形式有平面展开式、人体缩略式和模拟人体动态式。

1. 平面展开式款式图

平面展开式款式图是指导服装生产的一种表现手法，具有清晰明了的特点。服装的正背面、外轮廓线造型、内部结构线与分割线等细节都表达得很清楚，有时还会画出侧面造型或局部细节放大图。

2. 人体缩略式款式图

人体缩略式一般是在缩略的人体上绘制款式图。缩略人体是以人台或中间体为基础，根据不同性别与年龄的比例特征绘制而成的。它不仅能将单件服装款式表现得具体细致，而且能够将整体衣着的效果较为直观地呈现出来。

绘制人体缩略式款式图之前必须先画缩略人体。缩略人体接近真实的人体，有利于更真实地展示服装款式。同时，也可以根据服装款式，将人体上半身与下半身分开来，使之成为两个单独的模板。

3. 模拟人体动态式款式图

在款式图表现中，平面展开式款式图与人体缩略式款式图更加注重服装款式的平面表现。而模拟人体动态式款式图在表现时，除了刻画细节特点外，还模拟人体的动态姿势，常常把服装因人的动态而产生的衣纹及明暗关系等加以表现。模拟人体动态式款式图可以借助人体的姿态，将服装的穿着动态及服装的衣着搭配与风格特征表现出来。

五、服装款式图的结构设计特性

1. 审美性

现代社会，人们选择服装时，除了要考虑实用性外，更多的是对美的追求。制图时，服装结构设计上的每一条线段形状的变化、所在部位的改动、数据量的增减，都会赋予服装不同的生命力和美感。

高级服装已被视为一门艺术，一门与绘画、雕塑、戏剧、舞蹈和建筑可以相提并论的艺术。它有着异常活跃的生命力，既可以化刹那为永恒，又可以历久而弥新。时装设计师将其作品表现的或优美轻盈，或劲酷狂飙，或玩偶戏谑，或端庄大方，这些审美性正是通过对结构的探索和制图的分解来诠释、演绎的。

2. 制约性

服装款式结构设计制图的制约性很多，但主要表现在人体、面料和工艺上。

（1）人体的制约：服装的最终目的是为人体服务，人体运动时，体表变化复杂，所以在结构制图时绝对不是光靠公式就能解决所有的问题，它与人体工程学有着密切的关系；人体体型具有对称性、复杂性和立体性。所以，服装设计师或制板师在结构制图时要把人体的比例数据、活动量的大小等因素放在首位。不同体型需要使用不同的结构制图方式、方法来解决问题。

（2）面料的制约：服装面料对结构设计制图也有着制约作用。例如，对于缩水率大的面料，在制图前就要考虑其缩水性能，制图时必须加上缩水率数值，才能保证成品洗涤后尺寸的稳定性；还有对于羊毛等面料，在结构设计制图时一定要考虑面料的热缩性能，因为衣片在烫黏合衬时会因遇热而产生热缩现象；带有图案及条格的面料在制图时还要考虑图案的方向性和对条对格问题；带有戗顺毛的面料在制图时要根据要求考虑毛向。如果制图前没有思想准备或对面料的服用性能考虑不周是很难生产出合格产品的。

服装材料有表现粗犷豪放风格的，也有表现婉约细致风格的，但必须与结构设计制图相配合才能表达出来。粗犷豪放风格大多用直线的分割设计制图，婉约细致的风格大多用曲线的分割设计制图，可见两者之间既相互依存又彼此限制。

（3）工艺的制约：服装结构设计制图不仅要符合款式造型与功能的需要，还要最大限度地考虑减少成衣制作的难度。在保证款型不变的前提下，每减少一道工艺程序就意味着经济效益的提高，这在现代化的工业生产中表现得尤为突出。同样的制图裁片由不同的工艺手段或不同的工艺师来加工制作，就如不同的演奏家在演奏同一作曲家的作品一样，表达出的艺术效果也是不一样的。

除此之外，人的职业、观念、环境及国家、宗教等也对服装结构设计制图有着不同的制约作用。

3. 准确性

准确的结构设计制图是服装成品外观效果与加工质量得以保证的前提条件。

服装结构设计制图的准确性包括：

（1）结构线之间数据量的准确。

（2）形状的准确。

（3）位置的准确。

（4）比例的准确。

（5）制图方法的准确。

（6）面料图与里料图、辅料图之间的匹配准确。

4. 合理性

人体是个曲面体，由于每个人生理上遗传基因和自身后天生活条件的不同，在体型上也存在着这样或那样的区别，理想的体型更是凤毛麟角。所以在结构制图时，虽然要以款式设计图为依据，但更应该使其符合千人千面的形体。结构制图的合理性还表现在年龄的差异上，如儿童的服装在结构设计制图时还要考虑儿童的心理特征和体态特征。他们正处在生长发育最快、体态变化最大的时期，具有活泼好动、贪玩好食、天真无邪的特点，因此舒适、方便、美观是其结构设计的原则：增加适当的放松量便于儿童的穿脱；应减少夸张和华丽的装饰。成年人服装结构设计制图的合理性则主要体现在满足人的表现性上。如果要表现人的形体美，则无需加入过多的放松量，或通过省道的分割与转换，尽显人体曲线的美感。

5. 创新性

服装款式结构设计制图绝对不是依样画葫芦的简单行为，每一种制图方法都有其特点和不足。要想通过平面的衣片满足三维的人体是一种创造性的工作，需要不断冲破定式思维的限制，改换角度去创新才能提高设计产品的原创性、艺术性。

服装有其固有的结构和形式，但作为时装不能在结构和形式上循规蹈矩，而要通过打破形式、结构、空间、表层的结构组合，利用各个领域的交叉、串联、共融去吸收和传递各种信息。这样的设计作品也是对一个时代的文化做出的敏感反映，这要求人们的视觉经验也同步发展。也就是说，它对人们已固定的感情模式和欣赏习惯也是一种破坏性的创造。

六、服装款式结构设计制图的要求

（1）各结构部位的尺寸标准要准确、清晰、和谐、统一。

（2）注意图中线条的粗、细、曲、直。垂直相交必须呈90°角，曲直相交要吻合、顺畅，曲曲相交要圆顺、光滑。

（3）各种制图数据，如对衣料的缩水量、缝制工艺的缩份，以及为省、褶、裥预留的扩放量都要考虑充分。

（4）经、纬、斜、条、格和倒顺毛的方向都要标明确、标清楚。

（5）主、辅件、零部件要齐全、合理。

（6）净样变毛样的缝份、贴边等放量要准确，且符合工艺规定。

（7）服装结构设计的定位标识要清晰明了。

（8）整个图样、图纸要正确、规范、清晰、干净、美观。

（9）制图尺寸单位一律用国际标准尺寸单位：厘米（cm）。

（10）制图的术语、符号要统一和符合标准。

第三节　服装款式的系列设计

服装设计是建立在款式、色彩、材料三大基础之上的。其中任何一方面相同而另外两方面不同都能使服装产生协调统一感，进而形成不同的设计系列。因此在服装设计中，具有相同或相似的元素，又有一定的秩序和内部关联的设计便可形成系列。也就是说，系列服装设计的基本要求就是同一系列设计元素的组合具有关联性和秩序性。

在人类追求多元化生活的今天，系列服装设计不仅可以满足消费者的求异需求，也可以满足不同层次的消费需要。设计师在不同的设计主题中，从款式、色彩到面料系统地进行系列产品设计，可以充分展示系列服装的多层内涵，充分表达品牌的主题形象、设计风格和设计理念。最终以整体系列的形式出现，从强调重复细节、循环变化中可以产生强烈的视觉冲击力，提升视觉感染效果。通过这种系列要素的组合，还可使服装传递一种文化理念。

一、系列服装的设计条件

服装设计要遵循5W1H原则。5W1H原则是指对选定的项目、工序或操作，都要从原因（何因Why）、对象（何事What）、地点（何地Where）、时间（何时When）、人员（何人Who）、方法（何法How）六个方面提出问题并进行思考。系列服装也不例外。除此，系列服装还要注重设计的主题定位、风格定位、品类定位、品质定位和技术定位。

1. 主题定位

服装设计的主题是服装的主要思想和内容，是服装精神内涵的体现。设计者通过设计元素把握和表达主题，并与欣赏者进行沟通与交流，使欣赏者读出其中的神韵，与之产生共鸣。设计有了主题就有了明确的方向，围绕主题进行的设计元素筛选、设计语言的提炼、设计内容的取舍等都有了依据，因而无论是实用服装设计还是创意服装设计都不能离开主题的定位。

2. 风格定位

服装创意构思的第一步就是进行风格定位，如传统经典的、优雅高贵的、繁复华丽的、简洁清纯的、文静持重的、活泼开朗的、都市休闲的、时尚前卫的等。风格定位是系列服装设计的关键，应使主题鲜明、创意独特灵活，既要结合流行趋势有超前意识，又要在品位格调和细节变化上与众不同。

3. 品类定位

系列服装在确定了设计主题和风格定位后，就要对产品定位以及相关配搭产品的品种、系列产品的色调、装饰手段、选材和面料等进行选择，其原则是烘托主题、强调风格、力求完美。

4. 品质定位和技术定位

在对系列服装的主题、风格、品类定位后，就要对系列服装的品质期望做一个综合分析，以确定所选用面料的档次和价位。品牌成衣系列的品质定位以提高品质与降低成本为主。设计时要考虑技术要求和现有条件的可行性，尽量选择工艺简单、容易出效果的加工制作技术。创意系列设计要在能实现的技术范围内发挥创造性；实用系列设计应简化工序，降低生产成本，提高市场竞争力。

二、系列服装的设计元素

系列服装多是在单品服装设计的基础上，巧妙地运用设计元素，从风格、主题、造型、材料、装饰、工艺、功能等角度依赖美的形式法则，通常为创意构思产品。通过款式特征、面料肌理、色彩配置、图案运用、装饰细节等体现奢华、优雅、刺激、端庄、明快、自然等设计情调。系列服装还可以通过同形异构法、整体法、局部法、反对法、组合法、变更法、移位法和加减法等形成不同的系列。

1. 题材系列

主题是服装设计的决定因素，无论是创意服装还是实用服装的设计，都是对主题的诠释和表达，是用造型要素、色彩搭配和材质选择作为内容，围绕主题进行的创作。单品服装设计没有主题就没有精神内涵和欣赏空间，系列服装没有主题就会杂乱无序。可见，主题是设计的核心。

2. 廓型系列

廓型系列是依据服装外部廓型的相似和内部细节的变化而衍生出的多种设计。廓型系列强调廓型具有的特征，内部结构细节变化丰富且有秩序和节奏感，服从于外廓造型，不能喧宾夺主，破坏系列设计的完整。为突出系列性，还可在色彩和面料上进一步斟酌。

3. 色彩系列

色彩系列是以一组色彩作为系列服装的统一要素，通过运用纯度及明度的差异、渐变、重复、相同、类似等配置，追求形式上的变化和统一。其形式有如下四种：

（1）通过单一色相实现统一的色相系列，如系列服装中的每一款都有相同明度和纯度的红色即红色系列。

（2）通过色彩明度实现统一的系列或系列服装中的主色调通过明度变化支配着整个系列，如亮黄色系列、黑蓝色系列。

（3）通过色彩的纯度和含灰度支配的系列，如蓝紫系列。

（4）通过无色彩的黑、白、灰形成的系列。

色彩系列的服装由于色调的统一和造型与材质的随意变化，使整体系列表现出丰富的层次感和灵活性，但在以色彩为统一要素的系列设计中，色彩不可以太弱，以免削弱其系列特征。

4. 细节造型系列

细节造型系列是把服装中的某些细节造型元素作为系列元素，使之成为整个服装系列的关联要素，通过一个或一群元素的相同、相近、大小、比例、颜色和位置的变化，使整个系列产生丰富的层次感和统一感。

5. 面料系列

面料系列服装主要通过面料对比组合等方式，依靠面料特色创造出强烈的视觉效果。或者依赖面料的较强个性和风格、面料的肌理和二次造型，加上款式的变化和色彩的表现，使面料系列产生较强的视觉冲击力。

6. 工艺系列

工艺系列是把特色工艺作为系列服装的关联要素，如镶边、嵌线、饰边、绣花、褶裥、镂空、缉明线、装饰线、结构线、印染图案等，并在多套服装中反复运用，从而产生的系列感和统一美感。形成的系列工艺、特色工艺或设计视点再与服装的造型和色彩配合，从而表达出系列服装的设计特色和完美品质。

7. 饰品系列

饰品系列是通过对饰品的系列设计使服装产生系列感。饰品可以通过自身的美感与风格突出服装的风格与效果。通常通过饰品产生系列感的服装在造型上较为简洁，饰品较为灵活、生动，具有变化、统一、对比、协调的视觉魅力。

三、系列服装的设计思路与步骤

1. 系列服装的设计思路

系列服装设计是把设计从单品扩展为系列，多方位综合表达设计构思。单品设计强调个体或单套美，系列设计则重视整个系列多套服装的层次感和统一美，简单来说就是要充分挖掘围绕某一主题的设计元素并进行合理组合与搭配，形成多款设计，使之产生系列感、秩序感和协调感。设计思路可以从以下几方面展开：

（1）整体造型：整体造型类似于服装设计中的整体法，以某一整体造型为原型进行拓展，开发出多款与之相关、相似的造型从而形成系列。观看服装表演的服装设计爱好者会有这样的感觉，当其中某一款给他留下深刻印象时，就会设想在其款型的基础上进行改造，使之更新颖、更完美，因此便可能形成以造型为元素的系列；或者试图在其外形或款型更改不大的前提下对色彩加以调整，给人以新感觉，进而形成新系列。

（2）细节和饰品：在服装设计中，细节的变化最为繁复多样。设计中可以尽情地选择风格统一的要素进行重组、循环、衍生等变化，使之产生系列化的效果。如局部细节款型、图案、工艺、部件、镶拼等，都可以作为系列化设计的要素。用局部法创意出系列服装，最简单的做法是相同元素通过位置改变或变形、不同元素通过加减组合，并出现在不同款型里，从而使不同款型具有统一感和系列感。

饰品和细节有所不同，它不属于服装的构成部分，是服装的装饰、配搭、组成部分，它比细节设计更加灵活。饰品的不同组合可以产生不同风格，这种拓展系列化设计的思维可增强系列设计的效果。

（3）系列设计的套数：系列化服装设计最少是两套，一般是三套以上。小系列的设计空间稍大些，可以自由发挥；大系列的设计难度更高些，受面料、造型、工艺的限制较多。因此，小系列款式宜复杂化，大系列款式宜简洁化。

2. 系列服装的设计步骤

（1）选择系列形式：首先确定要设计的系列是以风格、廓型、色彩、面料、工艺或饰品形式中的哪一种为主题。并围绕形式选择设计语言，组织设计素材，开始创意构思。

（2）整合系列要素：设计师在系列设计过程中，要从艺术和审美的角度，对色彩、款式、造型等设计要素进行变化创造，追求新意。对结构、细节、工艺等进行合理取舍，以符合形式要求，彰显主题。对于品牌成衣来说，还要考虑机械化生产的可能性。

（3）创意表达：所有系列要素经初略构思选定后，需再进行系列服装的草图设计。设计时，除了要考虑主题、风格、形式等，还要力求创意新颖、构思独特、表达奇妙。

（4）设计调整：在完成系列服装设计的创意表达之后，设计者要认真检索每套服装间的相关性和协调性、细节设计布局安排的合理性，从而进行调整、改进。

参赛服装的系列设计依据设计主题和任务的要求实施设计，完成设计方案即可。而对于品牌成衣来说，完成单一系列设计之后，还需考虑系列间的搭配，这是品牌公司经营的策略，也是消费者的消费需求。首先，品牌公司经营的服装产品系列有时是相互并列、不分主次的，有时是以某几个系列为主、其他系列为辅。但无论是主要系列产品间还是辅助系列产品间，甚至是主副系列产品间，都涉及搭配问题。其次，消费者在认可某一品牌之后，当然希望自己所选的服装有更宽泛的搭配性，所以在品牌成衣系列设计中，色彩、款型、结构、面料、工艺等设计要素的协调和风格统一非常重要。

服装风格指一个时代、一个民族、一个流派或一个人的服装在形式和内容方面所显示出来的价值取向、内在品格和艺术特色。服装设计追求的境界说到底是风格的定位和设计，服装风格表现了设计师独特的创作思想、艺术追求，也反映了鲜明的时代特色。

服装风格所反映的客观内容主要包括三个方面：一是时代特色、社会面貌及民族传统；二是材料、技术的最新特点和它们反映审美特征的可能性；三是服装功能性与艺术性的结合。服装风格应该反映时代的社会面貌，在一个时代的潮流下，设计师们各有独特的创作天地，能够形成百花齐放的繁荣局面。

如今，服装款式千变万化，形成了许多不同的风格，有的具有历史渊源、有的具有地域渊源、有的具有文化渊源，以适合不同的穿着场所、不同的穿着群体、不同的穿着方式而展现出不同的个性魅力。

四、案例分析

案例一：设计主题说明与色彩提炼（图 3-9~ 图 3-11）

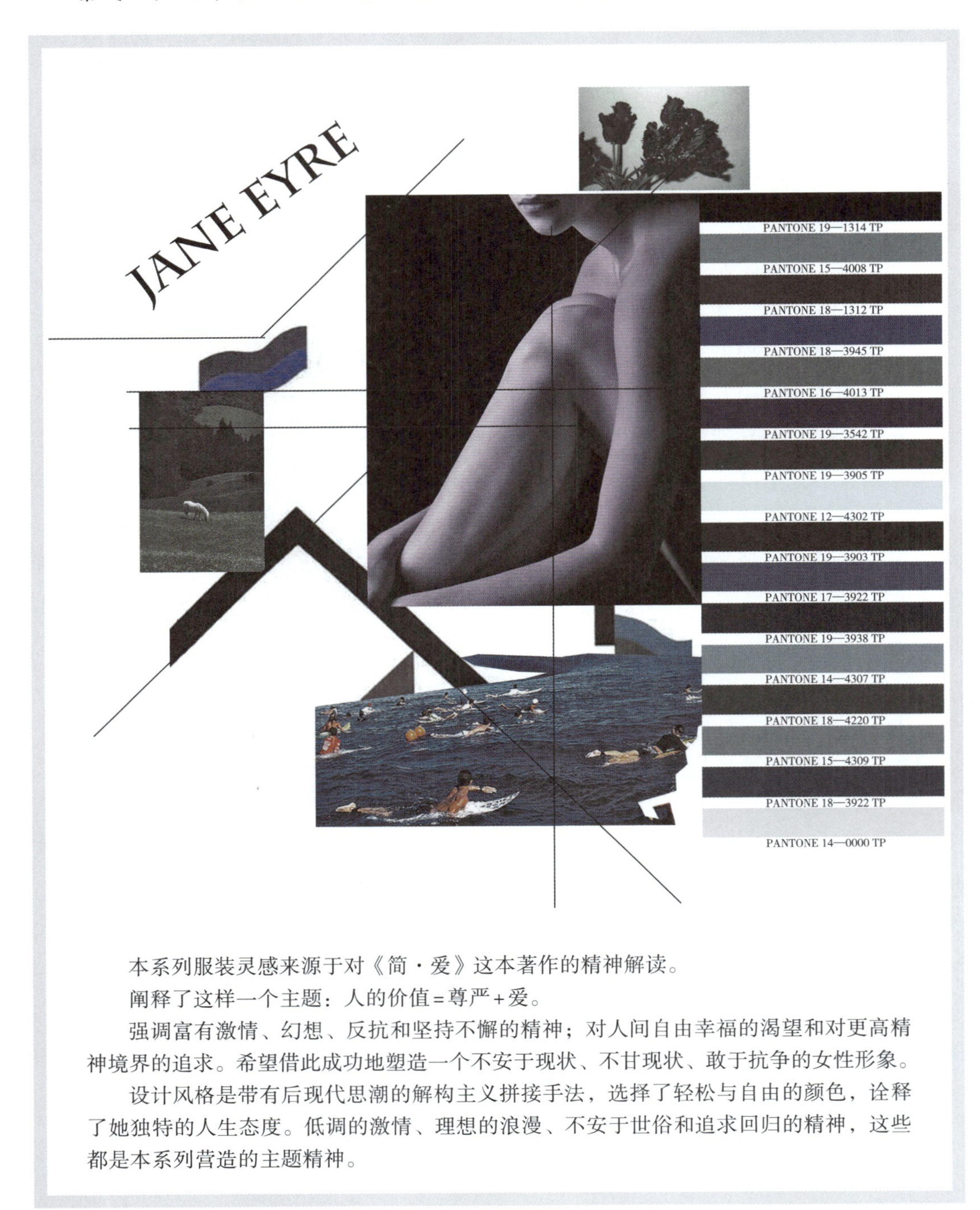

图 3-9

◆ 系列设计中花型的设计

图 3-10

◆ 系列设计方案（拓展与变化配色）

图 3-11

案例二：女装成衣系列设计及工艺设计图（图3-12~图3-25）

◆ 设计主题

图3-12

◆ 系列色彩的提炼与工艺细节

图3-13

◆ 系列服装款式图

图 3-14

◆ 结构工艺设计说明

主 题	时光捕手—01			款 号
色 彩	17—5029TP 17—4041TP 19—4305TP 11—0602TP			
面 料	Ⓐ：L201411101 Ⓑ：L201411101 Ⓒ：里布	辅 料		

图3-15

主　题	时光捕手—02			款　号
色　彩	17—5029TP　17—4041TP　19—4305TP　11—0602TP			
面　料	ⒶⒷ：L201411101 Ⓒ：M0114005 Ⓓ：里布	辅　料	吊钟2个 直径0.7cm（抽绳）	

图3-16

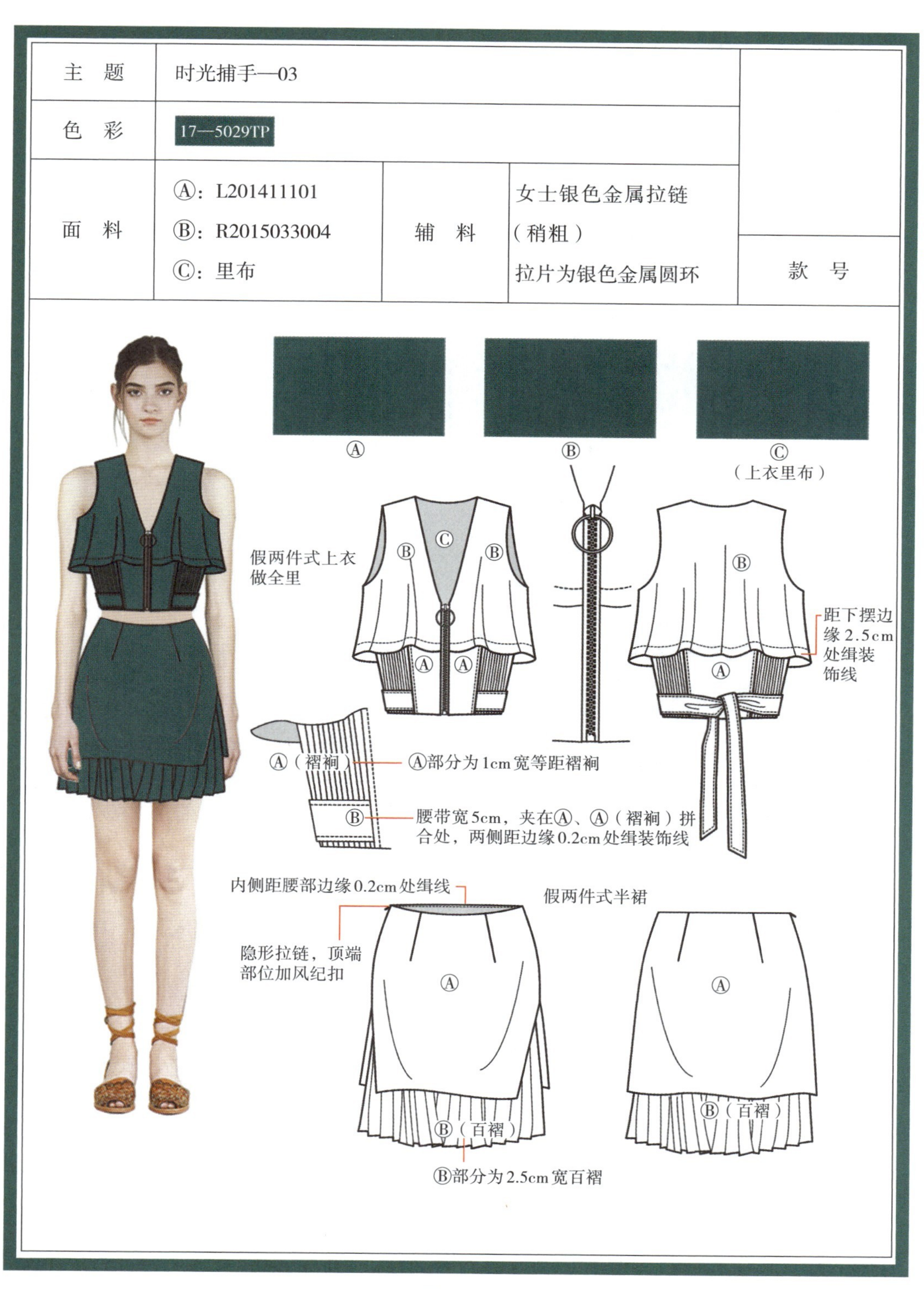

主　题	时光捕手—03			
色　彩	17—5029TP			
面　料	Ⓐ：L201411101 Ⓑ：R2015033004 Ⓒ：里布	辅　料	女士银色金属拉链（稍粗） 拉片为银色金属圆环	款　号

图3-17

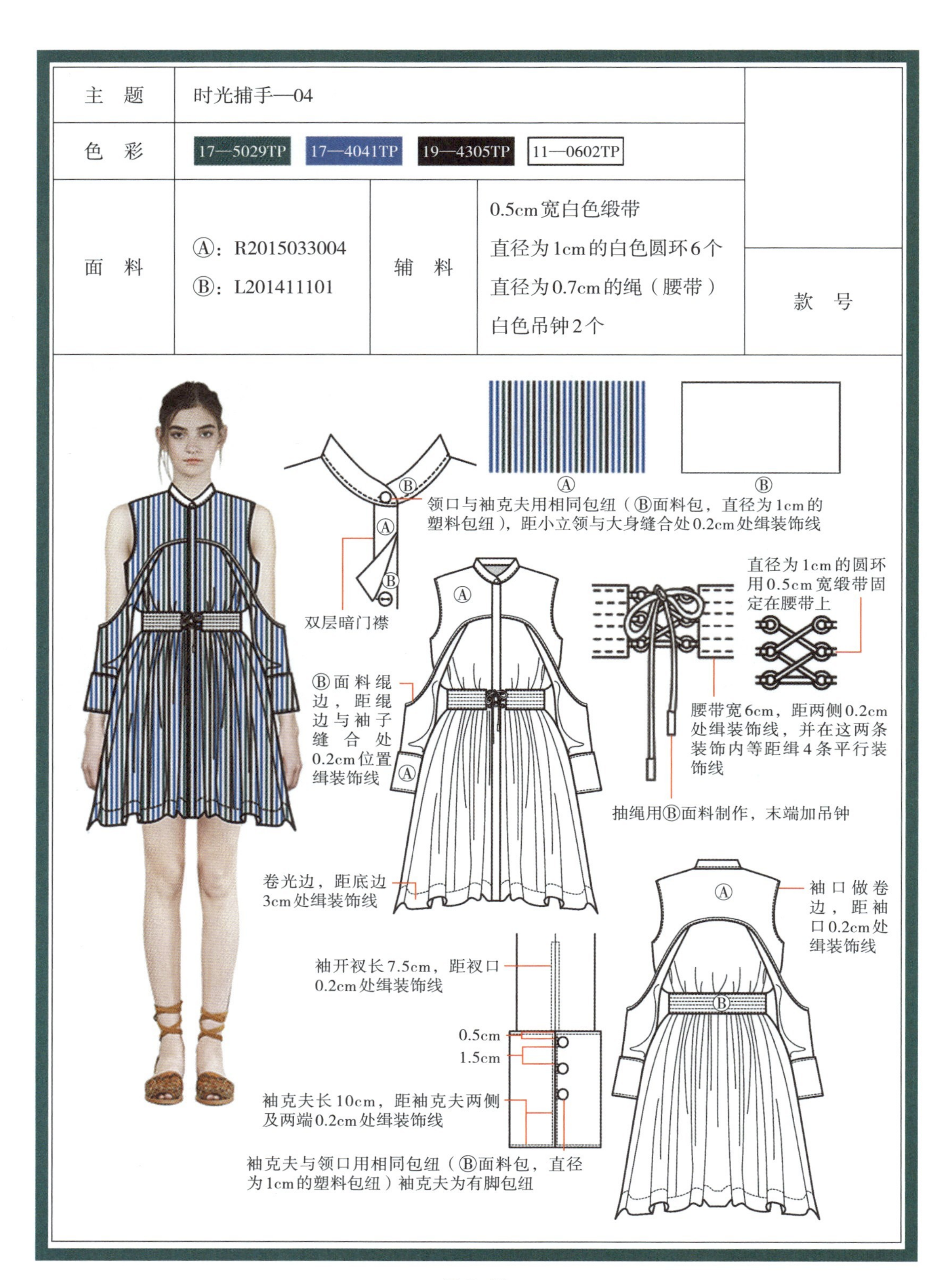

主　题	时光捕手—04			款　号
色　彩	17—5029TP　17—4041TP　19—4305TP　11—0602TP			
面　料	Ⓐ：R2015033004 Ⓑ：L201411101	辅　料	0.5cm宽白色缎带 直径为1cm的白色圆环6个 直径为0.7cm的绳（腰带） 白色吊钟2个	

图 3-18

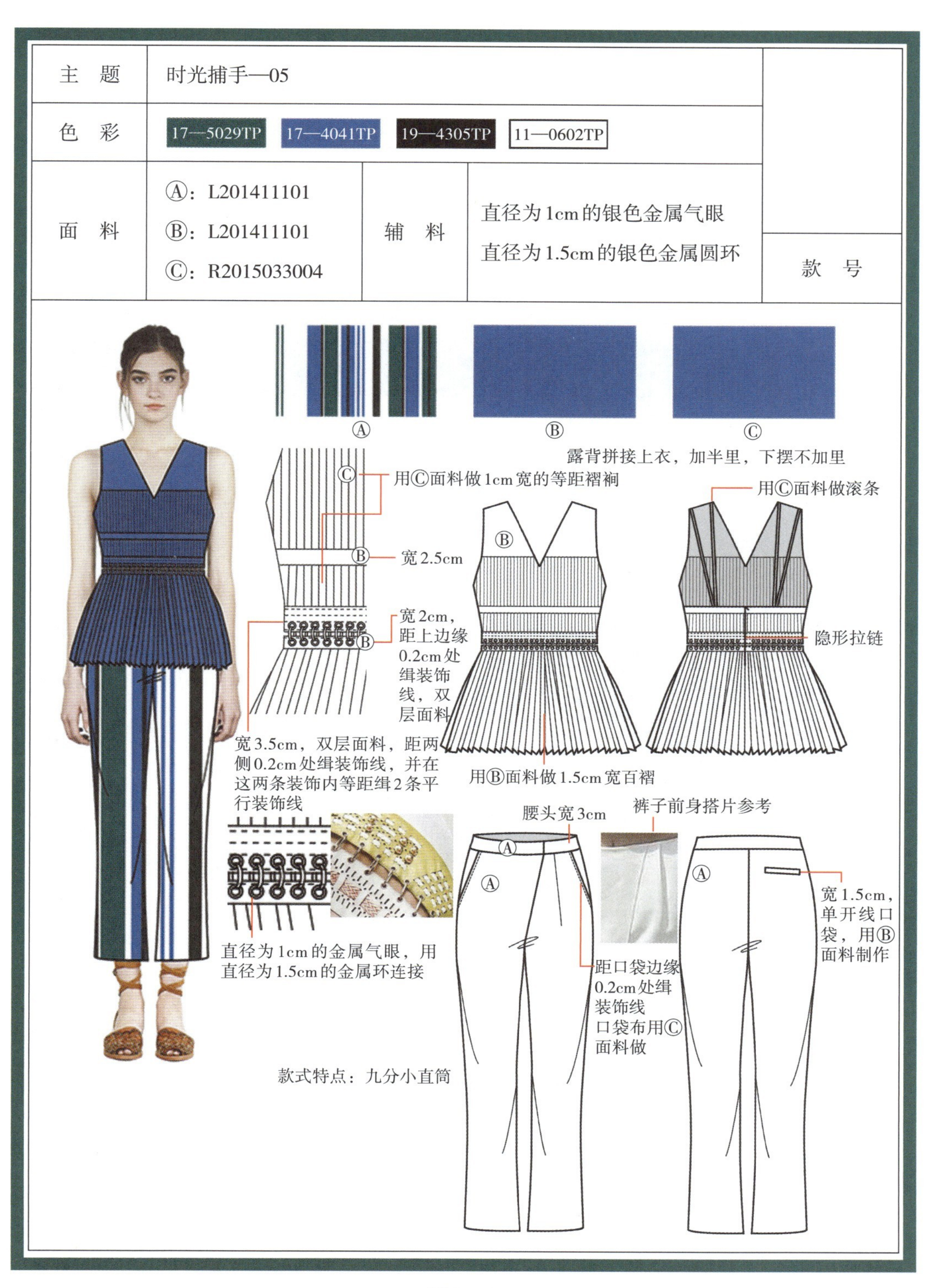

主　题	时光捕手—05			款　号
色　彩	17—5029TP　17—4041TP　19—4305TP　11—0602TP			
面　料	Ⓐ：L201411101 Ⓑ：L201411101 Ⓒ：R2015033004	辅　料	直径为1cm的银色金属气眼 直径为1.5cm的银色金属圆环	

图3-19

主 题
时光捕手—06
色 彩
17—5029TP
17—4041TP
19—4305TP
11—0602TP
面 料
ⒶⒷⒸⒹ:
L201411101
辅 料
女士银色金属拉链（稍粗）
拉片为银色金属圆环
款 号
Ⓐ
Ⓑ
Ⓒ
Ⓓ
前后领边为Ⓐ面料，领边宽2cm，距领边0.2cm处缉装饰线
袖口做卷边，距袖口1cm处缉装饰线
距拉链与大身缝合处0.2cm位置缉装饰线
前片为四开身，中间两部分为1cm宽的等距褶裥，下摆开15cm长的衩，底边卷光边，距底边3cm处缉装饰线
后片为三开身，下摆不开衩

图 3-20

主 题
时光捕手—07
色 彩
17—5029TP
19—4305TP
面 料
Ⓐ：L201411101
Ⓑ：M0114005
Ⓒ：雪纺（半透明）
辅 料
款 号
距边缘0.7cm处缉装饰线
10cm
3cm
5.5cm
Ⓐ
Ⓑ
Ⓒ
缉1cm长加固线
距门襟、领边、袖口1cm处缉装饰线
腰带宽5cm，两侧距边缘0.5cm处缉装饰线
衣身两侧加线襻
做9cm宽挂面，均匀过渡至后领中（宽12cm）
后片腰部镂空，边缘卷1cm的光边
15cm长开衩，距开衩部位2.5cm处缉装饰线（前后片相同）
下摆卷光边，距下摆3cm处缉装饰线
不做里布，衣身拼合处做包边
腰头宽4cm，加松紧带
前、后裤片叠搭处的边缘卷1cm宽光边
裤子分为裤身与前、后身左右搭片，裤身、腰头、脚口为Ⓑ面料，前后身的左右搭片为Ⓒ面料
脚口宽3cm，加松紧带

图3-21

主　题	时光捕手—08			
色　彩	17—5029TP　17—4041TP　19—4305TP　11—0602TP			
面　料	Ⓐ：R2015033004 Ⓑ：L201411101 Ⓒ：L201411101	辅　料	直径 1cm 白色金属气眼 直径 1.5cm 白色金属圆环	款　号

图 3-22

主　题	时光捕手—09			款　号
色　彩	17—4041TP			
面　料	Ⓐ：L201411101 Ⓑ：里布	辅　料	0.5cm宽蓝色缎带 直径为1cm的蓝色金属气眼10个 吊钟2个、直径为0.7cm的绳	

图3-23

主 题
时光捕手—10
色 彩
17—5029TP
17—4041TP
19—4305TP
11—0602TP
面 料
Ⓐ：R2015033004
Ⓑ：L201411101
Ⓒ：里布
辅 料
款 号
Ⓐ
Ⓑ
Ⓒ
（里布）
外套式系带连衣裙（全里）
距翻驳领边缘1.5cm处缉装饰线，与底边装饰线连接
腰带宽5cm，两侧距边缘0.5cm处缉装饰线
连续4个1cm宽的褶裥，间隔5cm，进行下一个循环
衣身左侧比右侧长8cm，过渡均匀，后身与前身相同
两条腰带分别与①、②处缝合
距底边3cm处缉装饰线

图 3-24

◆ 花型的工艺设计说明

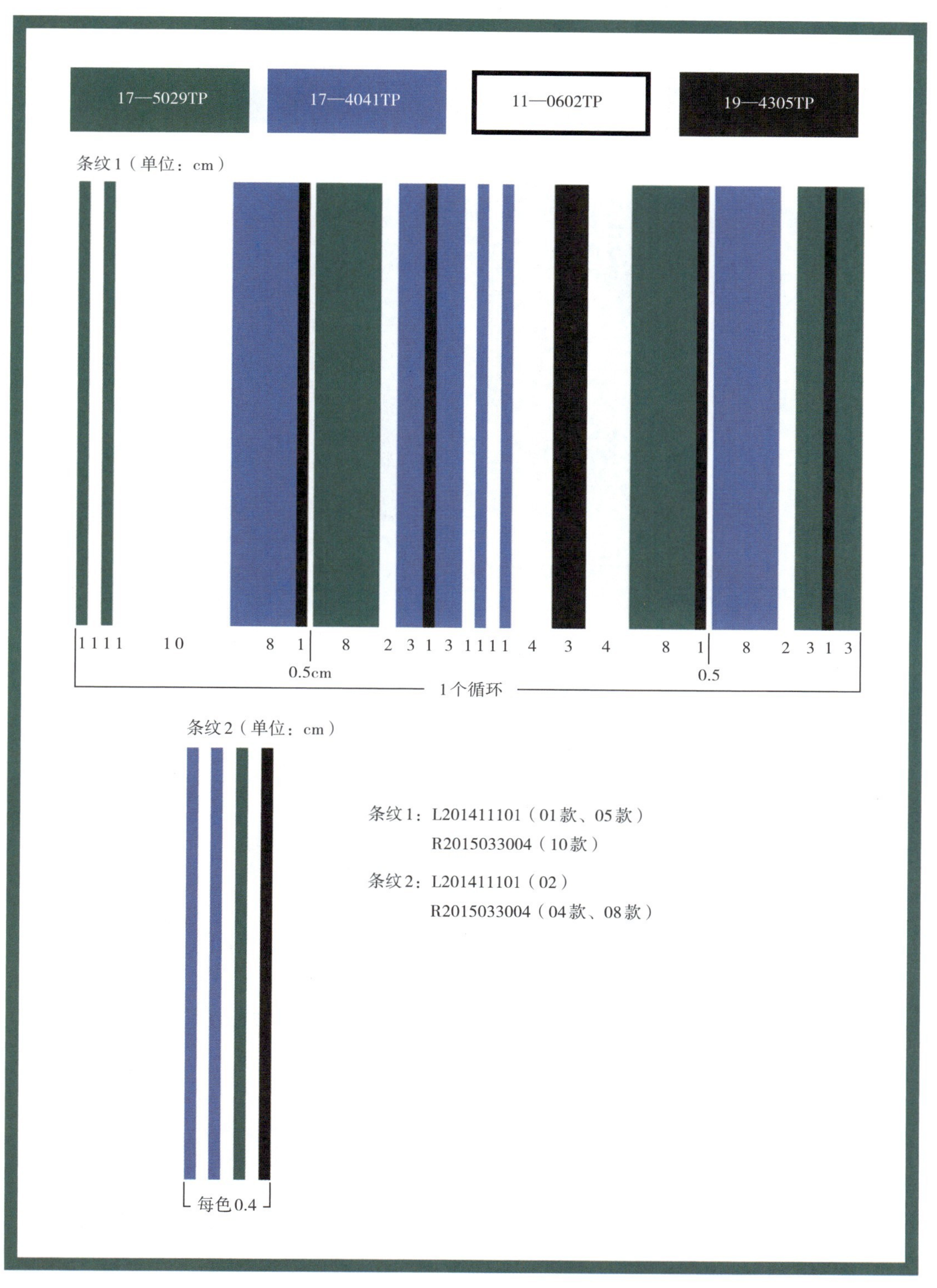

图3-25

案例三：女装成衣系列设计及工艺设计图（图 3-26~图 3-38）

◆ 设计主题与色彩提炼

图 3-26

◆ 系列设计的工艺细节

图 3-27

◆ 系列服装款式图

图 3-28

◆ 结构工艺设计说明

主　题	呼吸—01			款　号
色　彩	13—1107TP[①] 12—0910TP 16—3803TP 16—0906TP 11—0602TP			
面　料	Ⓐ：P—YY052221 Ⓑ：P—YY052221 Ⓒ：L201411101	辅　料	铜色搭扣两组 女士铜色金属拉链（稍粗） 拉片为铜色金属圆环	

图 3-29

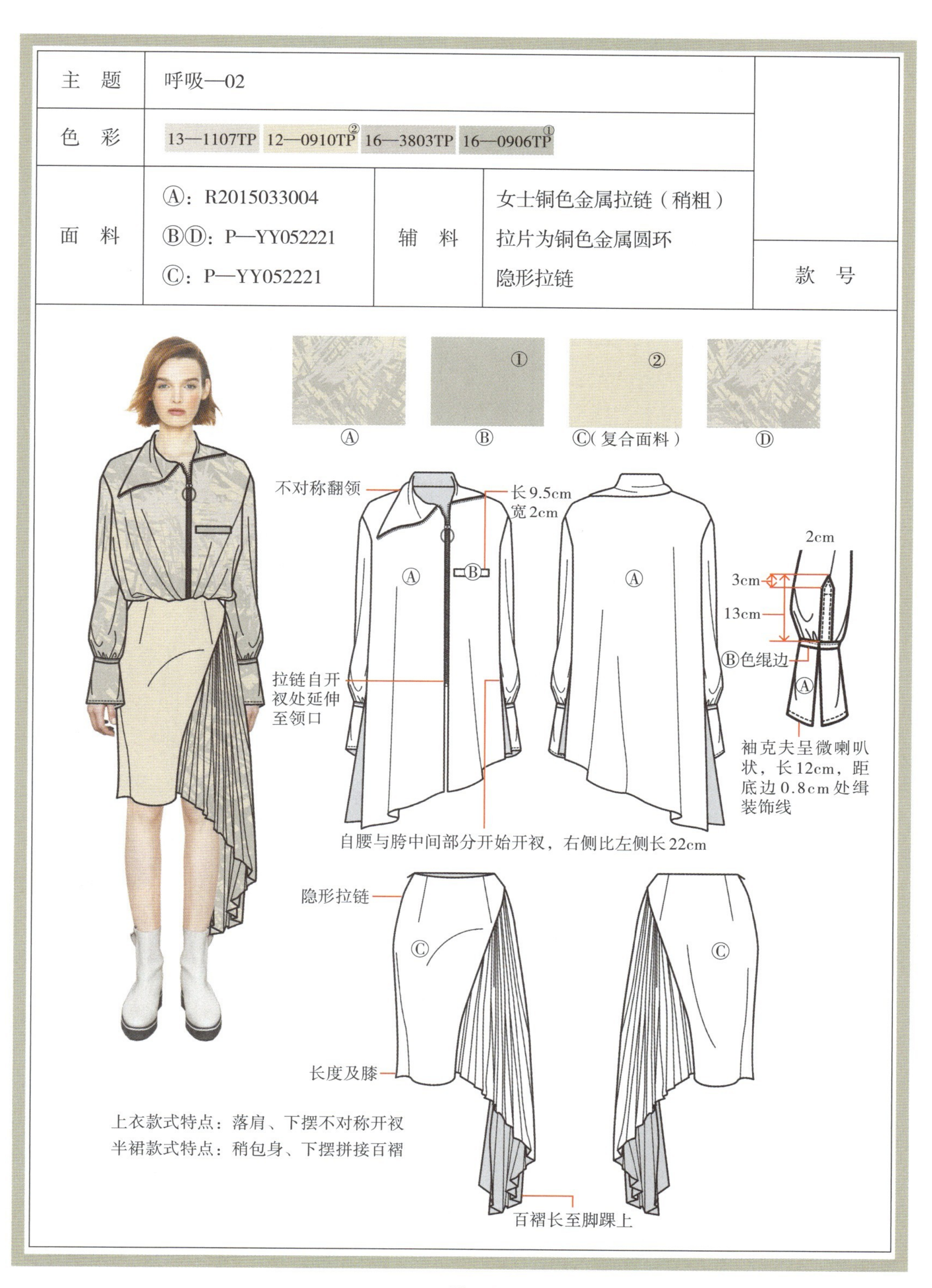

主　题	呼吸—02			
色　彩	13—1107TP　12—0910TP②　16—3803TP　16—0906TP①			
面　料	Ⓐ：R2015033004 ⒷⒹ：P—YY052221 Ⓒ：P—YY052221	辅　料	女士铜色金属拉链（稍粗） 拉片为铜色金属圆环 隐形拉链	款　号

图 3-30

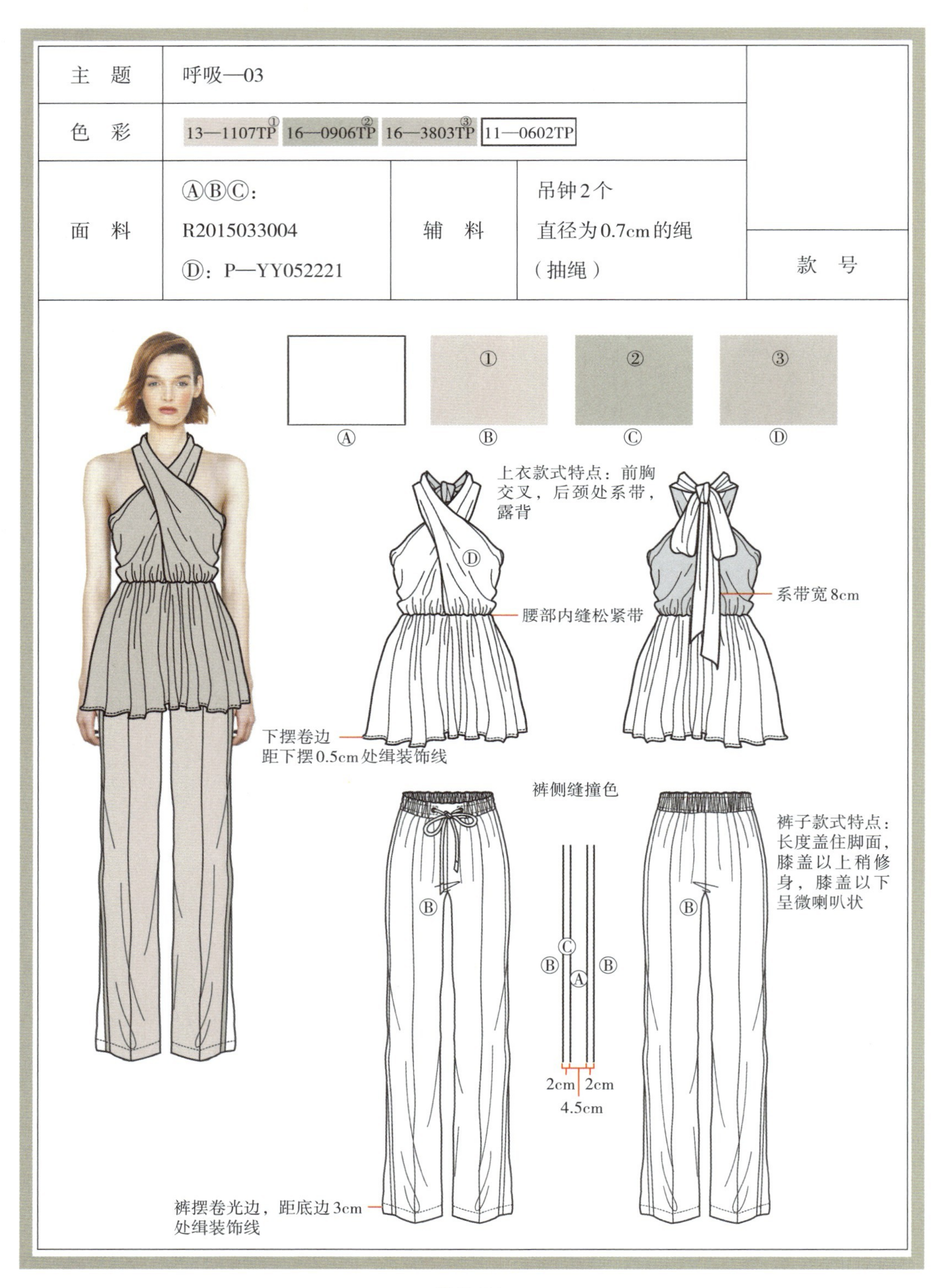

主　题	呼吸—03			款　号
色　彩	13—1107TP① 16—0906TP② 16—3803TP③ 11—0602TP			
面　料	ⒶⒷⒸ: R2015033004 Ⓓ：P—YY052221	辅　料	吊钟2个 直径为0.7cm的绳（抽绳）	

图 3-31

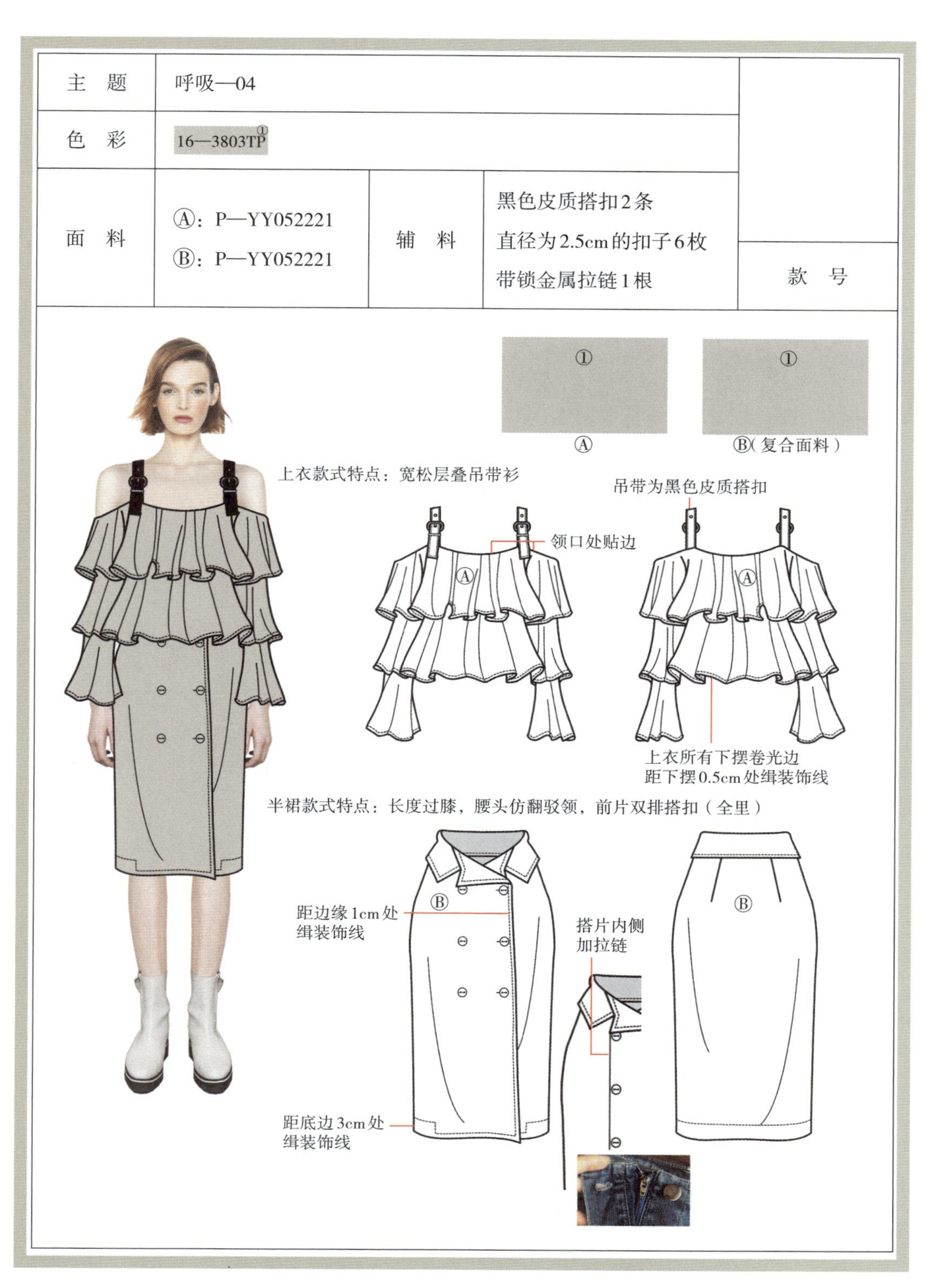

主　题	呼吸—04			
色　彩	16—3803TP①			
面　料	Ⓐ：P—YY052221 Ⓑ：P—YY052221	辅　料	黑色皮质搭扣2条 直径为2.5cm的扣子6枚 带锁金属拉链1根	款　号

图 3-32

主　题	呼吸—05			
色　彩	13—1107TP　16—0906TP①　16—3803TP　12—0910TP			
面　料	Ⓐ：P—YY052221 Ⓑ：P—YY052221 Ⓒ：N—151010—35	辅　料	隐形拉链 直径为0.7cm的绳（吊带）	款　号

图 3-33

主　题	呼吸—06			款　号
色　彩	13—1107TP　16—0906TP①　16—3803TP　12—0910TP			
面　料	Ⓐ：P—YY052221 Ⓑ：P—YY052221 Ⓒ：L201411101	辅　料	隐形拉链 Ⓑ色搭扣3条	

图 3-34

主　题	呼吸—07			
色　彩	13—1107TP　16—0906TP　16—3803TP　12—0910TP			
面　料	Ⓐ：R2015033004	辅　料	拉链1条 黑色皮质搭扣2条	款　号

图 3-35

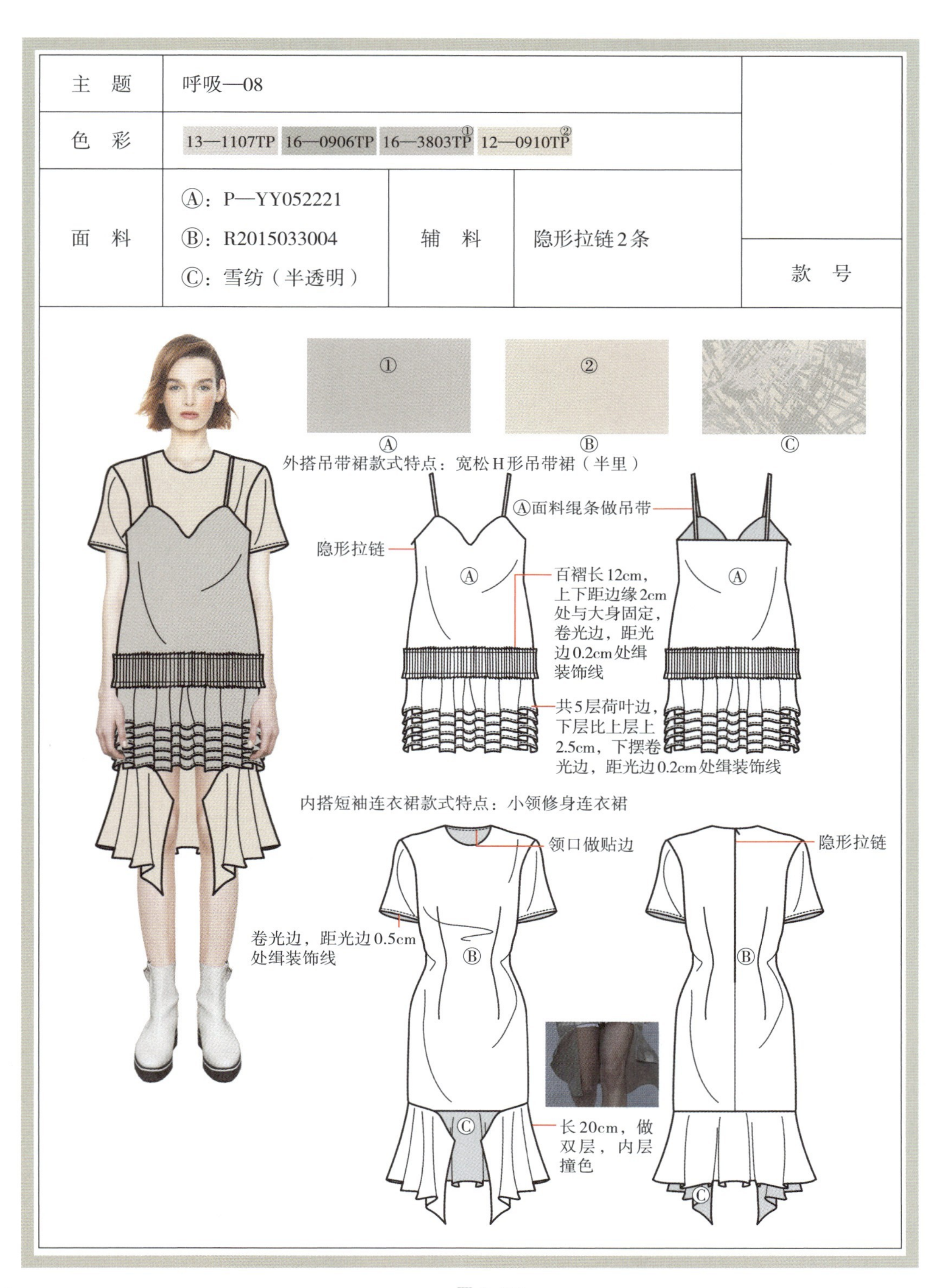
主 题
呼吸—08
色 彩
13—1107TP
16—0906TP
16—3803TP①
12—0910TP②
面 料
Ⓐ：P—YY052221
Ⓑ：R2015033004
Ⓒ：雪纺（半透明）
辅 料
隐形拉链2条
款 号
①
②
Ⓐ
Ⓑ
Ⓒ
外搭吊带裙款式特点：宽松H形吊带裙（半里）
Ⓐ面料绲条做吊带
隐形拉链
百褶长12cm，上下距边缘2cm处与大身固定，卷光边，距光边0.2cm处缉装饰线
共5层荷叶边，下层比上层上2.5cm，下摆卷光边，距光边0.2cm处缉装饰线
内搭短袖连衣裙款式特点：小领修身连衣裙
领口做贴边
隐形拉链
卷光边，距光边0.5cm处缉装饰线
长20cm，做双层，内层撞色

图 3-36

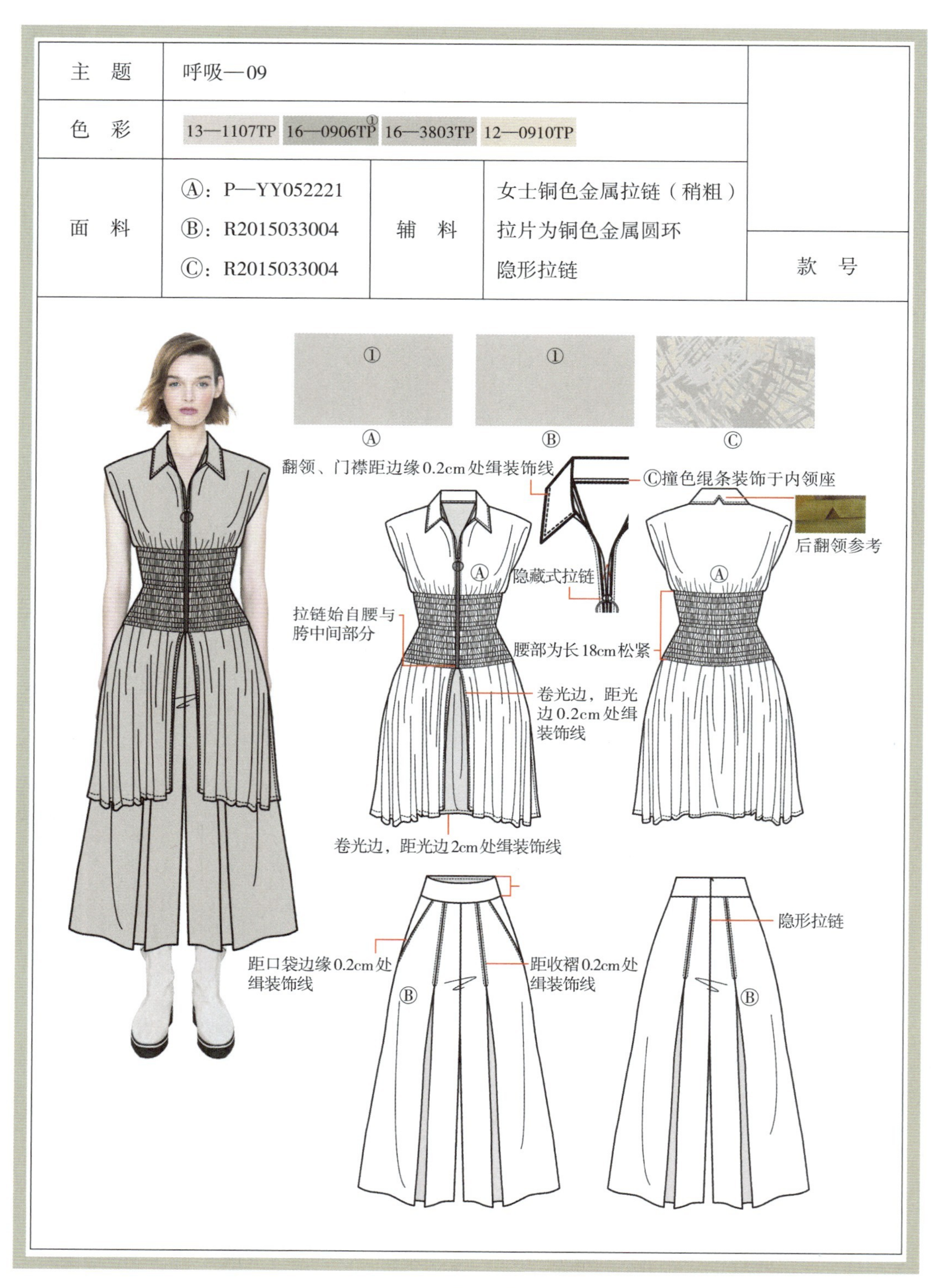

主　题	呼吸—09			
色　彩	13—1107TP　16—0906TP①　16—3803TP　12—0910TP			
面　料	Ⓐ：P—YY052221 Ⓑ：R2015033004 Ⓒ：R2015033004	辅　料	女士铜色金属拉链（稍粗） 拉片为铜色金属圆环 隐形拉链	款　号

图 3-37

◆ 花型的工艺设计说明

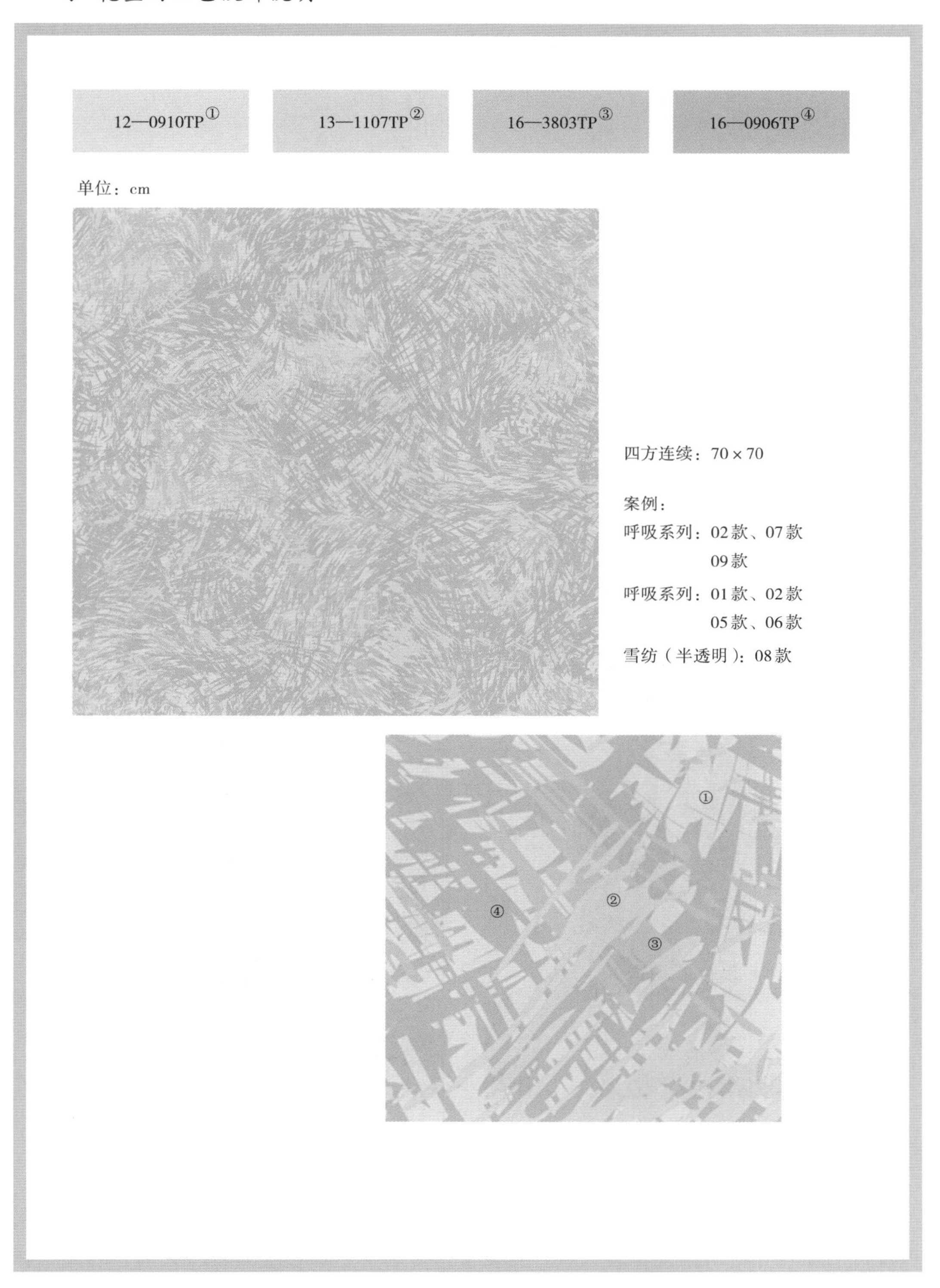

图 3-38

五、风格种类

具体风格有瑞丽、嬉皮、百搭、淑女、日系、韩风、民族、欧美、学院、通勤、中性、嘻哈、田园、朋克、OL、洛丽塔、街头、简约、波西米亚、简洁、华丽、前卫、松散、严谨等。

1. 瑞丽风格

《瑞丽》是一本时装杂志，一个月有三本是关于服装的。其中《瑞丽可爱先锋》的主要受众群是女学生；《瑞丽伊人风尚》的主要受众群是年轻白领；而《瑞丽服饰美容》是大家都可以看的。但总体说来，瑞丽主要还是以甜美优雅的风格深入人心，它们的专属模特桥本丽香就是对该风格最好的诠释（图3-39、图3-40）。

图3-39

图3-40

2. 嬉皮风格

嬉皮士（英语Hippie的音译）本来是被用来描写20世纪60～70年代时西方国家里反抗习俗和当时政治的年轻人的。嬉皮士这个名称是通过《旧金山纪事》的记者赫柏·凯恩普及的。嬉皮士不是一个统一的文化运动，它没有宣言或领导人物，而是用公社式的和流浪的生活方式来反映出对民族主义和越南战争的反对。嬉皮士的支持者提倡非传统的宗教文化，批评西方国家中层阶级的价值观。

如今，“新嬉皮主义”风尚延续，具有多种元素混合搭配的特点。从细节上看，繁复的印花、圆形的口袋、细致的腰部缝合线、粗糙的毛边、珠宝的配饰等都将成为个性化穿着的表达方式；从颜色上看，暖色调里的红色、黄色和橘色，冷色调里的绿色和蓝色都将成为流行趋势；从款式上看，充分展示了身体曲线的美感，女式紧身服采用轻薄又易于穿着的面料，而男式衬衫甚至外套广受异域风情的影响，将夏威夷海滩风情融合得恰到好处，穿进办公室也不奇怪（图3-41、图3-42）。

图3-41

图3-42

3. 百搭风格

百搭，一般为单品，即可以搭配多类款式、颜色的服饰且均能产生一定的效果。而且一般都是比较基本的、经典的样式或颜色，如纯色系服装和牛仔裤等（图3-43）。

4. 淑女风格

自然清新、优雅宜人是人们对淑女风格的概括。而蕾丝与褶边是柔美的新淑女风格的两大时尚标志（图3-44、图3-45）。

图3-43

图3-44

图3-45

图3-46

5. 韩式风格

韩式风格的服装舍弃了简单的色调堆砌，而是通过特别的明暗对比来彰显品位。设计师通过面料的质感与对比，加上款式的丰富变化来强调冲击力，那种浓艳的、繁复的、表面的东西被精致的、甚至有点羞涩的展现取而代之。简洁的连口袋都省了的长裤、不规则的衣裙下摆、极具风情的褶饰花边都在向大众表白它的美丽与流行。

最典型的韩式风格服装常采用那种淡淡的纯度很高的色彩；面料运用精当，多用棉、锦等体感非常舒适的面料；剪裁贴身、做工精细，特别是上身部分的裁剪（图3-46）。

6. 民族风格

民族风格服装主要指中国的民族风格服装，包括民族盛装华服、中式演出服饰、符合日常穿着的改良民族服装和含民族元素的服装。设计时以绣花、蓝印花、蜡染、扎染为主要工艺，面料一般为棉和麻，款式上具有民族特征，或者在细节上带有民族风格。目前流行的经典唐装、旗袍、改良民族服装等是其包含的主要款式，当然还包括尼泊尔、印度等民族服装（图3–47）。

图3–47

7. 欧美风格

主张大气、简洁，面料自然，比较随意，强调简约的搭配感和强烈的设计感（图3–48、图3–49）。

8. 学院风格

身处校园生活的女孩们，总是想方设法找机会把自己打扮得性感成熟，但一旦踏出校门，大部分人很快就会重新迷恋简单却又充满理性的学院派风格，开始穿戴针织帽、藏青裙、条纹衫、白衬衫等学院风格的标志性服饰（图3–50、图3–51）。

图3–48

图3–49

9. 通勤风格

通勤指从家中前往工作地点的过程，通勤是工业化社会的必然现象。在19世纪以前，市民主要步行上班。现在，如汽车、火车、公共汽车、自行车等交通工具的普及，让住在较远处的人也可以快捷地上班。随着交通技术的进步，城市扩张到了以前不可能延伸的地方。市郊的设立亦令市民可以在远离市区之处定居，并以通勤的方式来上班。许多大城市都有所谓的通勤地带，或称大都会区。这种区域包括了很多通勤城市。人们在通勤城市内居住，再到城市中心上班。

通勤与OL最大的区别是通勤更具有休闲风格，是时尚白领的半休闲主义服装。如今，休闲已成为这个时代不可忽视的主题，它不仅是度假时的装束，而且会出现在职场和派对上。人们宽容地接纳了平底鞋、宽松长裤、针织套衫，因为这些服饰品让穿着者看上去

图3–50

图3–51

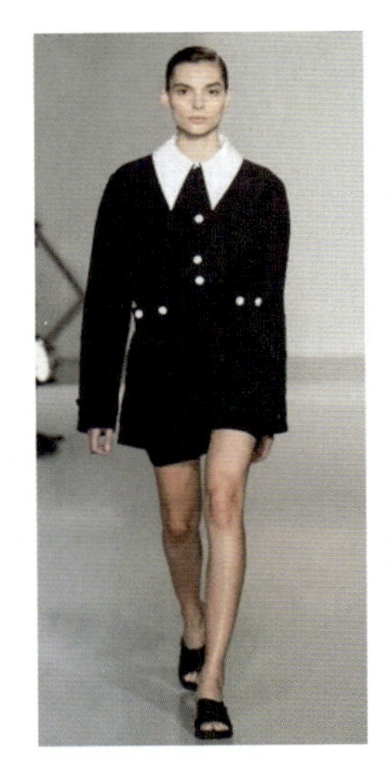

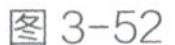

图3-52

图3-53

图3-54

图3-55

更加温和、贴近自然，不但做工精致，而且重点在于打造干练、简洁、清爽的形象（图3-52、图3-53）。

10. **中性风格**

中性服装属于非主流的小众服装。随着社会、政治、经济、科学的发展，人类寻求一种毫无矫饰的个性美，性别不再是设计师考虑的全部因素，介于两性中间的中性服装开始成为街头一道独特的风景。以其简约的造型满足了女性在社会竞争中的自信，并以简约的风格使男性也享受到时尚的愉悦。

传统衣着的规范强调两性角色的扮演。男性需表现出稳健、庄重、力量的阳刚之美；女性则应该带有娴雅、温柔、轻灵之美。代表男性角色的服装有西服、领带、硬领衬衫等；而富有女性特色的服饰有裙子、高跟皮鞋、丝袜、文胸等（图3-54、图3-55）。

20世纪初，风起云涌的女权运动为中性服饰的流行扫清了一道路障。盛行于20世纪60~70年代的中性装扮成为潮流，以至于人们仅以背影根本无法分辨出性别。但到了20世纪90年代末，中性成了流行中的宠儿。社会也越来越无法以职业对两性做出明确的角色定位。T恤、牛仔装、低腰裤被认为是中性服装的代表单品；黑、白、灰是中性的代表色彩；染发、短发也成了中性的象征发式……相信中性在未来的变化将更为活跃。

11. **嘻哈风格**

虽然说嘻哈很自由，但还是有些明确的着装规范（Dresscode），如宽松的上衣和裤子、帽子、头巾或胖胖的鞋子。若要细分，嘻哈的穿搭还可以分成好几个流派。此外，衬衫、洗白的牛仔裤、工装靴和渔夫帽等单品的搭配让嘻哈也有了时尚感。

整体来说，美国是嘻哈风格的发源地，至今仍引领着主流穿法，而低调、极简的日式嘻哈风格属于小众潮流。美国东部纽约一带的主流品牌，如肖恩·约翰（Sean

John）、MECCA等逐渐调整品牌策略和设计风格，在穿着搭配上更注重精致感。美式嘻哈风格一如加州的爽朗、明快与自由，连帽T恤、夏天T恤配上垮裤即可，但是非常重视衣服上的涂鸦，甚至将其作为传达世界观的工具。

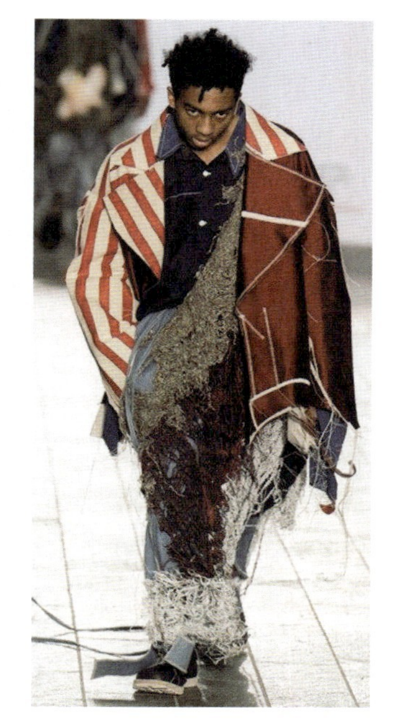

图3-56

美国的嘻哈风格非常生活化，对品牌没什么要求，主要就是穿得宽松简单，可是却强烈要求凸显个人风格。嘻哈穿着风格一直在转变，以当前的纽约流行来说，宽松依旧，但不用过于松垮，穿得好看、简单、干净即可，鞋子不管是球鞋、工装靴或休闲鞋，一定要干净，这样才能呈现质感（图3-56）。

12. **田园风格**

田园风格追求的是一种不加任何虚饰的、但充满原始的、纯朴自然的美。现代工业中污染对自然环境的破坏、繁华城市的嘈杂和拥挤，以及高节奏生活给人们带来的紧张繁忙、激烈竞争压力加剧等，都给人们造成了种种的精神压力，使人们不由自主地向往精神的解脱与舒缓，追求平静单纯的生存空间，向往大自然。而田园风格的服装所具有的宽大舒松的款式、天然的材质，为人们带来了有如置身于悠闲浪漫空间的心理感受，带有一种悠然的美。这种服装具有较强的活动机能，很适合人们在郊游、散步和参加各种轻松活动时穿着，迎合了现代人的生活需求。

图3-57

田园风格的设计特点是崇尚自然，反对虚假的华丽、繁琐的装饰和雕琢的美。它摒弃了经典的艺术传统，追求古代田园一派自然清新的气象。在情趣上不是表现强光重彩的华美，而是体现纯净自然的朴素，以明快清新和乡土风味为主要特征，即以自然随意的款式、朴素的色彩表现一种轻松恬淡、超凡脱俗的情趣。该风格常从大自然中汲取设计灵感，取材于树木、花朵、蓝天和大海，把触角时而放在高山雪原、时而放到大漠荒岳，虽不一定要染满自然的色彩，却要褪尽都市的痕迹，远离谋生之累，进入清静之境，表现大自然永恒的魅力。纯棉质地、小方格、均匀条纹、碎花图案、棉质花边等都是田园风格中最常见的元素（图3-57）。

13. 朋克风格

早期朋克的典型装扮是穿一条窄身牛仔裤，加上一件不扣纽的白衬衫，再戴上一个耳机连着别在腰间的随身听（Walkman），耳朵里听着朋克音乐。进入20世纪90年代以后，时装界出现了后朋克风潮，它的关键词是鲜艳、破烂、简洁、金属。

朋克风格设计常采用的图案装饰有骷髅、皇冠、英文字母等，在制作时，常镶嵌闪亮的水钻或亮片在其中，展现出一种另类的华丽之风。但朋克风虽然华丽，甚至有些花哨，但整个服装色调是十分整体的。朋克风装束的色彩运用通常也很固定，譬如红黑、全黑、红白、蓝白、黄绿、红绿、黑白等，最常见的是红黑搭配。制作得也很精致，在这点上即可区分嬉皮，嬉皮的风格比较粗犷、疯狂，没有朋克风的细致和精雕细琢。朋克风的另外特征是服装的破碎感和金属感。朋克风格系列多喜好用大型金属别针、吊链、裤链等比较显眼的金属制品来装饰服装，尤其常见的用其连接服装故意撕碎和破坏的地方（图3-58）。

图3-58

14. OL风格

OL是英文Office Lady的缩写，通常指上班族女性。OL时装一般来说是指套裙，适合办公室穿着的服饰（图3-59、图3-60）。

图3-59

图3-60

15. 洛丽塔风格

西方人说的“洛丽塔”女孩是那些穿着超短裙，化着成熟妆容，但又留着少女发型的女生，简单来说就像“少女强穿女郎装”的情况。但是当“洛丽塔”流传到了日本，日本人就将其当成了天真可爱少女的代名词，统一将14岁以下的女孩称为“洛丽塔代”，而且态度变成“女郎强穿少女装”，即成熟女人对青涩女孩的向往。

图3-61

“洛丽塔”三大族群：

（1）甜美洛丽塔（Sweet Love Lolita）：以粉红、粉蓝、白色等粉色系列为主，衣料选用大量蕾丝，力求缔造出洋娃娃般的可爱和烂漫。

（2）哥特洛丽塔（Elegant Gothic Lolita）：主色是黑和白，特征是想表达神秘恐怖和死亡的感觉。通常配以十字架银器等作为装饰，并化较为浓烈的深色妆容，如黑色的指甲、眼影和唇色，强调神秘色彩。

（3）古典洛丽塔（Classic Lolita）：与第一种相似，但以简约色调为主，不鲜艳，如茶色和白色。强调剪裁以表达清雅的格调，蕾丝花边会相应减少，而荷叶边是最大特色，整体风格比较平实（图3-61）。

16. 街头风格

街头服饰一般来说是宽松得近乎夸张的T恤和裤子，很多人还喜欢包头巾；另一种典型的服饰是篮球服和运动鞋，也以宽松为标准（图3-62）。

图3-62

17. 简约风格

简约风格的服装几乎不加任何装饰，信奉简约主义的服装设计师擅长做减法，把一切多余的东西从服装上拿走。如果第二粒纽扣找不出存在的理由，那就只做一粒纽扣；如果这一粒纽扣也非必要，那就干脆让人穿无纽衫；如果面料本身的肌理已经足够迷人，那就不设计印花、提花、刺绣；如果面料图案确实美丽，那就理所当然地不轻易收省、镶、绲；如果穿着者的身材很匀称，那就绝不会另外设计廓型，因为这时，人的体型就是最好的廓型；如果穿着者的脸让人的目光久久不能离去，那也绝不会以服饰的花哨来分散这种注意。廓型是设计的第一要素，既要考虑其本身的比例、节奏和平衡，又要考虑与人体的理想形象的协调关系。这种精心设计的廓型，常常需要精致的材料来表现，并通过精确的结构（板型）和精致的工艺来完成（图3-63、图3-64）。

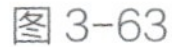

图3-63

图3-64

18. **波西米亚风格**

波西米亚风格的服装是波西米亚精神的产物。这种风格的服装并不是单纯指波西米亚当地人的民族服装，而且服装的“外貌”也不局限于波西米亚的民族服装和吉卜赛风格的服装。它是一种以捷克共和国各民族服装为主的，融合了多民族风格的现代多元文化的产物。

其标志性的设计元素有层层叠叠的花边、无领袒肩的宽松款式、大朵的印花、手工的抽纱和细绳结、皮质的流苏、缤纷的珠串装饰等，还有波浪卷发、发带编风等自由浪漫的妆发搭配。在用色上常借撞色来取得效果，如宝蓝与金啡、中灰与粉红……在服装的比例上也采用不均衡设计；在剪裁上强调哥特式的繁复，注重领口和腰部设计（图3-65）。

图3-65

图3-66

19. **森林系风格**

日本东京是时尚重镇，每隔一阵子就会出现新名词，继“败犬女”“草食男”之后，最近日本社会又多了一个新兴的族群，叫作“森林系女孩”（日语：森ガール，简称“森女”），泛指气质温柔、喜欢穿质地舒适的服饰且崇尚自然的女生。“森女”的平均年龄也就20岁左右，不崇尚名牌，常穿着柔软舒适的棉质服饰，颜色也以大地色和暖色系为主，有如从森林中走出的少女而得名。

森林系女孩的特征在于不喜欢盲目追求时下的流行时尚，喜欢自然清新风格的服饰，习惯随身携带相机，并推崇返璞归真的生活模式，这样一股清新的气息在日本社会中自成一格，也意外地掀起了一波热潮。向往“慢活”生活的森林系女孩，无论是打扮或是生活态度，俨然成为日本年轻女孩追求的新典范（图3-66）。

小结

1. 廓型按其不同的形态，通常有几种命名方法：可按字母命名，如H形、X形、A形、O形和T形等。

2. 通过改变服装的廓型，能体现不同的服装风格。随着时代的发展，服装风格和表现手法日趋丰富，从而导致了服装廓型的多样性。

3. 服装廓型是服装风格、服装美感表现的重要因素，时装流行最鲜明的特点之一就是服装廓型的变化。

4. 服装款式的流行与预测也是从服装的廓型开始，服装设计师一般需要从服装廓型的更迭变化中，分析出服装发展演变的规律，从而更好地进行预测和把握流行趋势。

思考题

1. 服装廓型对服装款式设计有哪些影响？
2. 不同的面料材质对服装廓型有怎样的影响？
3. 怎样将服装风格更好地融入服装款式设计？

基础绘图方法及拓展练习

服装款式图绘制方法

课题名称： 服装款式图绘制方法

课堂内容： 服装款式图绘制的基本要求/服装款式图绘制的基本方法

课题时间： 4课时

教学目的： 要求学生在4课时的服装款式图的绘制方法创意训练中牢牢掌握和巩固服装款式图的绘制方法。并打开创意设计思路，设计更多既实用又有艺术感的款式。

教学方式： 通过模仿范例练习，老师进行实例分解讲述，引导学生的创意思维，进行个别辅导。每个作品完成后，学生还要进行展示介绍，然后教师点评，这样可以让每个同学看到彼此的想法、做法和存在的问题。

教学要求： 要求学生在理解和掌握服装款式图绘制方法的基础上，能够熟练地将掌握的这些绘图技巧综合运用，并要运用得合理、完美。

课前/后准备： 课前提倡学生多阅读关于服装创意设计的书籍，课后要求学生通过反复的操作实践对所学的理论进行消化。

第四章　服装款式图绘制方法

第一节　服装款式图绘制的基本要求

款式图区别于着装款式图的独立表现，脱离人体，仅用平面构成的图形来表达款式的廓型、结构分割、色彩、图案、装饰细节、面料等。它包括款式平面图、款式细节图、款式效果图。款式平面图用以表现款式结构整体性，款式细节图用以表现复杂或具有特色的款式局部与细节，款式效果图通过色彩、面料、明暗的添加更充分地表现款式的三维立体效果。三种类型的款式图各有功能性的倾向，但也可以结合运用，或与着装款式图结合使用，完整地表达款式设计理念。

款式平面图是指用于表达款式的廓型、结构分割、图案、装饰细节、基本工艺的平铺二维图，通常包括正、背面款式平面图，特殊款式还需要侧面图。它以清晰表现服装款式本身的设计与工艺为目的，可以传递给制板师正确的板型风格指示。绘制款式平面图是进行服装款式设计所要具备的重要能力。在服装市场中，款式图对于服装实际设计与开发运作的重要性远高于着装效果图，大部分企业与品牌为了工作效率只需要设计师完成款式平面图与工艺标注，而并不需要着装效果图。款式平面图是服装款式设计最重要的表现手段，可以通过手绘、电脑绘制或两者的结合绘制。款式平面图的绘制风格相对单一，按照线条风格可以划分为完全平面型与微动态型。

（1）完全平面型款式图呈现的是服装各部件完全铺平的状态，款式重点居中，款式线条平整，较适合表现通过平面裁剪来制板的款式，便于和制板师、工艺师的沟通。

（2）微动态型是指款式图呈现服装悬挂时或穿着时的平面状态，款式重心向下，弧线运用较多，能体现面料的起伏感，较适合表现通过立体裁剪来制板的款式，便于表现款式的成形效果。由于线条在平面表达中的局限性，用于企业开发与生产的款式平面图常包含工艺的标注，用于和相关技术部门的沟通，也更能从三维的角度理解二维的设计概念。

在选择合适的人体模板之后，就可以以模板为基础进行款式设计了。款式设计中，最直接、最清晰、最实用、最简单的表达方法就是平面款式图的绘制。在学习款式设计的初期可以直接将款式图绘制在人体模板上，方便掌握款式各部件的比例关系，更容易表现出款式在人体上的穿着效果。在绘制上装、下装、连身装时，可以选取所需的人体模板局部或整体来应用；在熟练掌握款式设计与绘制的技巧之后，便可以脱离人体模板进行设计与绘制。掌握平面图绘制方法是进行款式设计的最重要的基本功。在后面的章节中会再更深入地介绍丰富的款式设计表达方法。

绘制服装款式图与效果图不同，它有一些特殊的要求。款式图要求绘制精确、规范，有时需要对服装的一些特征部位如明线的宽窄、粗细及口袋、领子、袖子等制作工艺中所涉及的关键部位加以详细说明，可用图示或文字来解释。款式图的主要特点是强调服装的结构与主要工艺特点，要求将服装的省道、结构线、明线、面料、辅料等交代清楚，所以在绘制过程中要注意以下几点：

一、比例准确

比例要准确，特别是对服装宽窄度的把握。款式图分为正面、背面和局部，要特别注意服装整体造型与局部比例的关系，如上衣与裤子的比例、领口与袖子大小的比例。正、背面款式图一般要求左右对称和大小相等。服装款式图不同于服装结构图，它呈现的也并不是服装完全平铺的状态，而是服装接近穿着状态的款式情况。在绘制服装款式图时，对服装长、宽的确定需要依据服装设计效果图或设计来判断。相对来说，服装长度的确定比宽度容易，服装宽窄度的把握由于受到服装宽松度、人体厚度以及视觉透视的影响，所表现的状态是接近人体穿着时的效果，即一种平面与立体兼而有之的效果。

二、结构合理精确

结构要合理精确，特别是对服装部件与工艺的表达。款式图是由服装外形和结构线组合而成的，结构线的分割要以设计为依据，如公主线、省道、口袋、纽扣的位置等，这些都要在款式图上明确表示，以保证其精确性。这里精确的概念就是造型、比例符合设计效果；结构、部件位置合理。以上装为例，服装部件包括衣领、衣袖、衣袋等，部件的设计由于受到流行因素的影响呈现出造型变化十分丰富的状态。就日常服装而言，尽管款式造型多样，但基本廓型一般还是存在的，因此注重服装款式部件造型的精确表达是有意义的。例如在衣领造型的表达中，要用造型线表达出领片在翻折时形成的实际形态以及厚度状态，这种表达方式较那些忽略厚度一味追求线条整齐划一的表达方式，无疑是更为合理和严谨的。另外，容易忽略上装门襟的中心对位。在绘制正面对称式款式图时，找准服装门襟的中心对位线至关重要。通过服装制板知识可知单排扣上衣左、右片的宽度是对称的，左片的纽扣中心点与右片的纽位中心点重合（不对称式设计除外），这个重合后的点就在上衣的前中心线上；双排扣服装左、右衣片宽度也是对称的，但不同的是双排扣上衣的左、右片重叠之后，上衣中心线在左、右纽扣的中间（不对称式设计除外）。这个问题并不复杂，甚至十分简单，但在实际操作中很容易受到穿着表象的影响而忽略中心线的位置，使图纸的表意不准确，不便于甚至误导制板师对门襟形态的判断。

三、工艺表达完善

工艺设计方面的内容在服装设计效果图中很难进行具体的表现，设计师通常以文字说明附加对工艺方面的要求，例如缉明线还是暗线、活褶还是固定褶等，但服装款式图绝不可以忽略对工艺设计的表现，尤其是一些细小部分，常常需要以放大局部的方式来加以特别说明。因为工艺设计的内容往往涉及结构设计和制板工作中对收、放量的计算，如果款式图中没有明确清晰地表现出这方面的情况，有可能造成结构设计这个环节的工作误差。服装款式图中工艺设计的表达有省道、褶皱、绗缝、镶边等，所描绘的形象要在简洁明了的造型基础上尽量符合该工艺的实际形象特点，给制板师以明确的导向。

四、绘制方法要求严谨规范，线条粗细统一

款式图的绘制方法一般是用线均匀地勾画，绘制时要严谨规范，线条要粗细统一，有时为确保线条直顺，可用尺子作为辅助工具，以达到线条的准确和平直。现在企业里的款式图多使用 CorelDRAW 和 Illustrator 两个绘图软件绘制。可以先通过手绘完成人物着装的线描稿，然后运用电脑软件进行颜色、面料肌理的填充与修饰。还可以完全运用电脑软件进行人物着装绘制，便于后期修改与数据保存。

第二节　服装款式图绘制的基本方法

随着计算机行业的迅猛发展，电脑绘图软件被广泛地应用于设计领域，它比手绘的效果更逼真、更智能，表现力更为充分。此外，软件绘制的图还可以将绘图资料以数据的形式保存积累。在现今的服装设计领域，常用的绘图软件有 Photoshop、Illustrator、CorelDRAW 等，其中 Photoshop 以处理位图文件为主，更适合绘制人物着装图；Illustrator 和 CorelDRAW 为矢量文件，更适合绘制款式平面图。位图软件与矢量软件的功能并不是绝对的，联合运用也能绘制出各种不同的风格。同时，纸面手绘与电脑软件结合运用是当下众多设计师采用的绘图方式，主要包括以下三种形式。

（1）通过手绘完成着装图绘制，然后扫描成图片并导入电脑，用位图软件

Photoshop进行着装图的调整与部分修饰。

（2）通过手绘完成人物着装的线描稿，然后运用电脑软件进行颜色、面料肌理的填充与修饰。

（3）完全运用电脑软件进行人物着装绘制，便于后期修改与数据保存。

以Illustrator为例绘制T恤步骤如下：

（1）打开Illustrator，并且点击文件—新建，出现对话框，名称可按自己的想法建立，然后点击确认（图4–1）。

（2）拖取一张T恤的平面图片到Illustrator纸张，调整至纸张的中心，按“Ctrl+R”建立标尺，方便查看图片的尺寸，并且能够找到特殊的点，方便得知距离（图4–2）。

按“Ctrl+2”锁定图片，可以将这张图片固定在Illustrator纸张上（“Ctrl+Alt+2”为解锁图片）。拉取一条辅助线，放置在画面的中心位置上（图4–3）。

（3）使用工具栏中的钢笔工具，按照图片的形状描摹线条（图4–4）。

（4）绘制完成T恤的左半部分之后使用黑色的箭头“直接选择工具”，选择左半部分（可以先将左半部分绘制好的路径线条进行编组），鼠标点击右键—变换—对称—复制（图4–5）。

（5）把两半路径线条对齐，使用白色箭头调整。如果图形连接不上，点击右键，选择“连接”（图4–6）。

（6）对领口、袖口、下摆处的局部细节进行修改，将之前拖取的T恤图片删除（图4–7）。

（7）将T恤的正面复制后稍加修改，即可做出背面图，完成后保存即可（图4–8）。

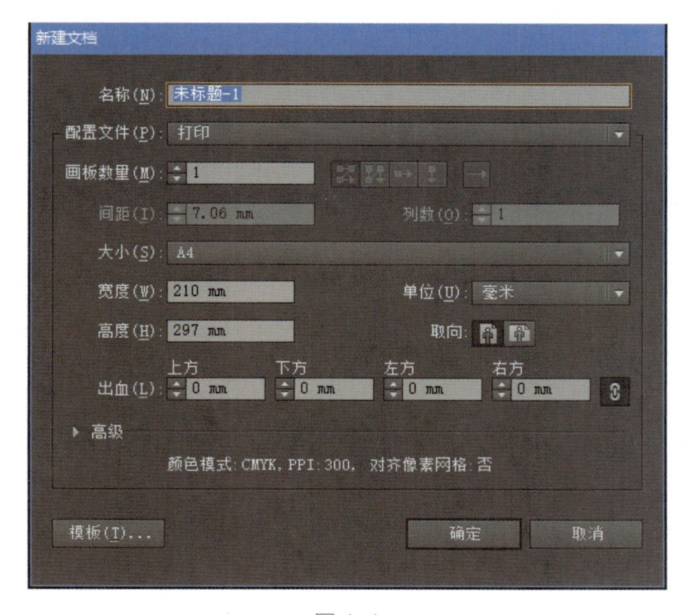

图4–1

图 4-2

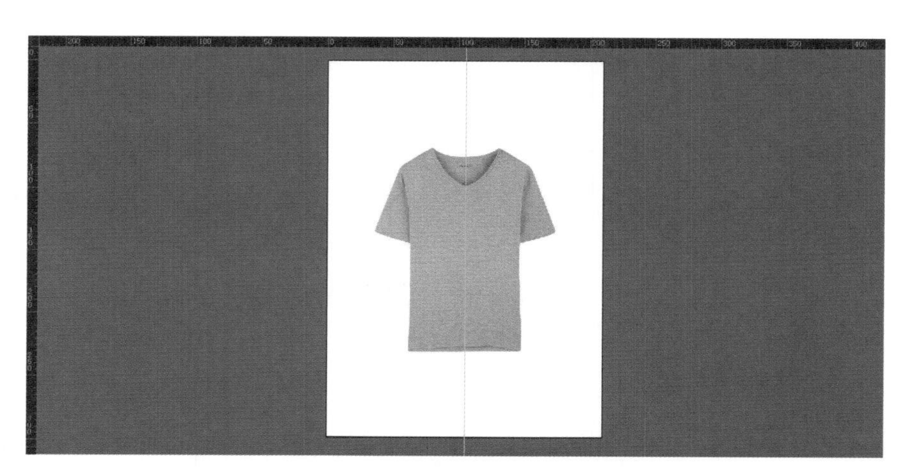

图 4-3

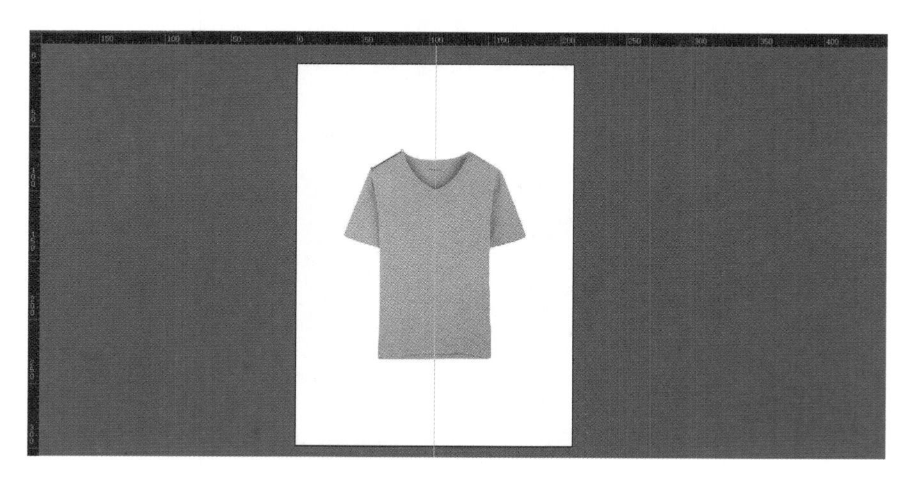

图 4-4

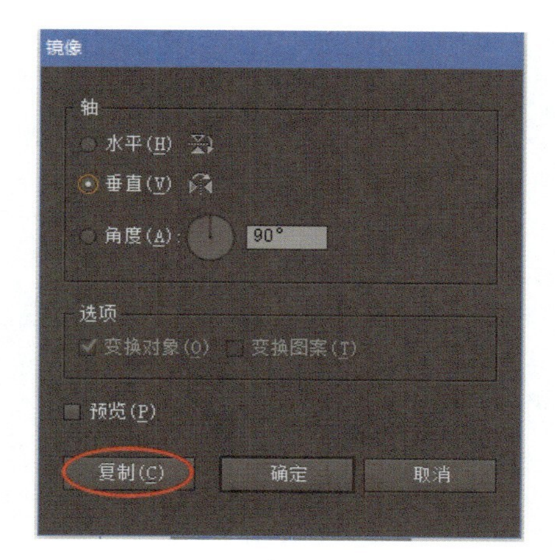

图 4-5

图 4-6

图 4-7

图 4-8

小结

1. 款式平面图是指用于表达款式、廓型、结构分割、图案、装饰细节、基本工艺的平铺二维图，通常包括正、背面款式的平面图，若为特殊款式，还需要侧面图。

2. 款式图是一种区别于着装款式图的独立表现，脱离人体，仅用平面构成的图形来表达款式的廓型、结构分割、色彩、图案、装饰细节、面料等。

3. 领、袖的解构设计要与整体统一。

4. 款式图是由服装外形和结构线组合而成的，结构线的分割要以设计为依据，如公主线、省道、口袋、纽扣的位置等，这些都要在款式图上被明确表示，以保证其准确性。

5. 服装款式图中工艺设计的表达有省道、褶皱、绗缝、镶边等，所描绘的形象要在简洁明了的造型基础上尽量符合该工艺的实际形象特点，给制板师以明确的导向。

思考题

1. 服装款式图与服装效果图有哪些区别？

2. 服装款式图绘制的基本要求有哪些？

3. 对服装款式创意设计有什么自己的独立想法？

案例分析及绘制练习

女装款式图解设计案例分析

课题名称： 女装款式图解设计案例分析

课堂内容： 局部细节设计案例分析/女式上装款式设计案例分析/女式下装款式设计案例分析

课题时间： 32课时

教学目的： 让学生了解并掌握女装款式设计要点，并在此基础上让学生掌握女装款式设计的变化技法，掌握局部细节与女装款式设计结合组成技法，并进行多方位的创意拓展训练。

教学方式： 教师通过PPT讲解基础理论知识，做具体操作演示。学生在阅读、理解的基础上进行实样模仿、操作练习，最后进行独立的创意设计练习，教师进行个别辅导，对每个同学的作业进行集体点评。

教学要求： 要求学生理解和掌握女装款式设计的要点，在掌握女装款式设计的基础上进行拓展创意练习。

课前/后准备： 课前提倡学生多阅读关于女装款式设计的书籍，课后要求学生通过反复的操作实践对所学的理论进行消化。

第五章　女装款式图解设计案例分析

第一节　局部细节设计案例分析

服装的款式由每一个局部的细节设计构成，细节设计是与服装风格、廓型相统一的深入设计，包括功能性的细节设计与装饰性的细节设计，两者又通常融合在同一细节中。功能性的细节指服装款式中的一些常规构成部件，如领子、袖子、口袋等，主要以实现服装适合人体穿着的功能；装饰性细节是指在款式设计中，为了突出设计风格与美感而增加的细节设计，往往与装饰工艺相关，如刺绣、印花、绲边、钉珠等。装饰性细节是深化款式设计的重要设计部分，能反映设计师对于款式个性的理解，也是区分众多相同廓型、款式的元素。巧妙的细节设计往往将功能性与装饰性结合在一起，并与款式的廓型与风格完美融合。因此，画蛇添足的细节设计反而会破坏服装款式的整体感。

一、领型设计

领型设计是指领子的外轮廓设计，是款式设计的一个重要部分，主要包括领口形状和装领形式。领口形状通常分为一字形、圆形、V形、U形等，适合休闲装、内衣或夏装，也可单独作为领型。装领形式主要有立领、平领、翻领和驳领等。整体领型按照造型又分为标准领、青果领、平驳领、戗驳领、异色领、暗扣领等。

领型设计的要点：内部结构线符合颈部的结构和运动规律，保护颈部。外部造型线符合流行趋势。同时，充分运用材料的搭配和不同工艺，与上衣的外部造型相协调，与着装者脸型相称，衬托颈项之美（图5-1、图5-2）。

二、袖型设计

袖型设计的种类很多，按照袖子的长短可分为长袖、七分袖、中袖、短袖；按其造型特点可分为灯笼袖、喇叭袖、西装袖等；按其制作方法可分为装袖、连袖、插肩袖等；按袖片数目又可分为单片袖、两片袖、三片袖等。

图 5-1

图 5-2

袖型设计的要点：袖子要利于胳膊的运动并保护身体，袖山弧线和袖窿的大小对袖子的整体造型至关重要，袖口造型、袖子长度和装饰等细节都要与服装整体协调，风格统一（图5-3）。

图5-3

三、口袋设计

口袋设计是常用部件中功能性较强的细节设计。口袋最早是为了解决随身装物品的问题，但慢慢演变成了兼具装饰性功能的部件。口袋的大小、形状、位置、与衣身的比例关系等都影响着服装款式的美感。因此，口袋的设计必须与服装款式的比例和风格相协调，成为融合功能性与装饰性的细节。口袋通常分为贴袋、插袋、挖袋。

口袋设计的设计要点：根据不同服装类别设计不同造型的口袋，其位置灵活，是服装上活跃的点，其中色彩、大小、体积是影响口袋设计的重要因素（图5–4、图5–5）。

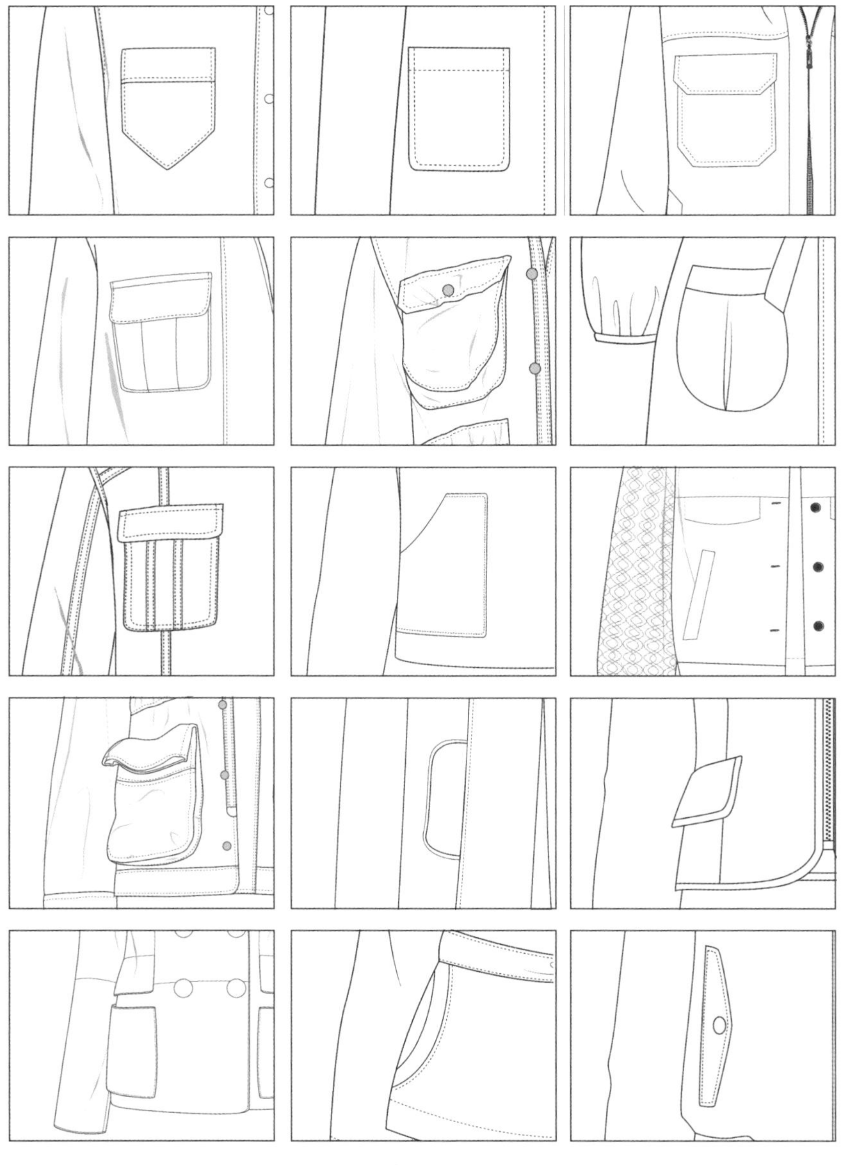

图 5–4

图 5-5

四、装饰设计（图5-6）

图 5-6

第二节 女式上装款式设计案例分析

一、女式马甲、背心、吊带衫

马甲指无袖的外套，一般开襟，有纽扣。常常分为西装马甲和休闲马甲，前者较为正式，常与西服套装、衬衫搭配；后者款式丰富，适宜日常生活、外出等非正式场合。

背心是一种无领无袖、衣长较短的上衣。主要款式分为西服背心、棉背心、羽绒背心及毛线背心等（图5-7、图5-8）。

图5-7

图5-8

吊带衫、吊带裙原指女性贴身的无领无袖背心，随着内衣外穿的流行开始逐渐成为夏季的外穿单品。其款式简洁自然、质地轻柔、风格性感时髦，体现出了女性的活力美（图5-9、图5-10）。

图 5-9

图 5-10

二、女式卫衣、运动服、牛仔服

女式卫衣展示较中性的品类，许多休闲运动风格的卫衣板型宽松，如套头衫、开衫、修身衫、长衫、短衫、无袖衫等。一般领口、袖口和底边装有罗纹，有的腹部还有口袋，主要以时尚舒适为主，多为休闲风格，成为不同年龄段人群运动休闲的日常服装。

女式运动服是指从事体育运动和相关活动时所穿着的服装，主要有运动外套、运动裤、运动背心、运动短裤等品类。随着更多人开始追求健身和休闲的生活状态，款式适度宽松的运动服开始深受人们的喜爱。

女式牛仔服是以牛仔布为面料裁制而成的，款式有牛仔夹克、牛仔裤、牛仔衬衫、牛仔马甲、牛仔帽等。牛仔服因其粗犷、田园、浪漫、嬉皮、野性、活力等诸多的气质，以及独特的风格和魅力，得到了全世界人民的青睐（图5-11~图5-13）。

图5-11

图 5-12

图 5-13

三、女式T恤

女式T恤是指无领或翻领的长袖和短袖薄款上衣，因其穿着、洗剂方便等优势成为女士春夏季的日常单品。女式T恤的款式变化较多，主要在领型、袖口、下摆、图案、色彩以及局部细节上进行款式的细节变化（图5-14、图5-15）。

图 5-14

图 5-14

图 5-15

四、女式衬衫

女式衬衫是指在穿着西装等正式服装中的内搭服装，现在也成为可以单独外穿的时尚单品，款式可分为搭配正式服装的正式衬衫和单穿的休闲衬衫。对比正式衬衫，休闲衬衫在设计变化上更加大胆，较多地使用了拼色和印花等元素（图5-16~图5-18）。

图5-16

图 5-17

图 5-18

五、女式编织衫

女式编织衫是指用棒针或针织的方法将纱线钩成线圈并套结织成的服装。编织衫有很好的抗皱性、透气性、延伸性等特性。它的厚薄取决于纱线的粗细，纱线较细的编织衫透气性较好；纱线较粗的编织衫保暖性较好。不同编织衫的款式由不同的工艺手法完成，比较常见的编织工艺有提花、绞花等。此外，若编织衫的款式别具一格，也更加吸引时尚爱好者（图5-19~图5-21）。

图5-19

图5-20

图 5-20

图 5-21

六、女式皮草

皮草服装是指由动物皮毛（非保护动物）制作而成的服装，初衷是保暖防寒。狐狸、兔子、貂、水獭等动物的皮毛是皮草服装经常选用的材料。按加工方式可分为鞣制类、染整类、剪绒类、毛革类。按外观特征归纳可以分为厚型皮草，以狐皮为代表；中厚型皮草，以貂皮为代表；薄型皮草，以波斯羊羔皮为代表（图5-22~图5-24）。

图5-22

图 5-23

图 5-24

七、连衣裙

连衣裙是指将上装和下装连为一体的服装，日常穿着的连衣裙款式多样、形式新颖，是结合了上装和半身裙的变化之后更为丰富的构成结果，也是上装或半身裙款式的延伸和发展。现代时装中的连衣裙已经变化出多种风格与款式，成为个性与潮流的代表（图 5-25~ 图 5-29）。

图 5-25

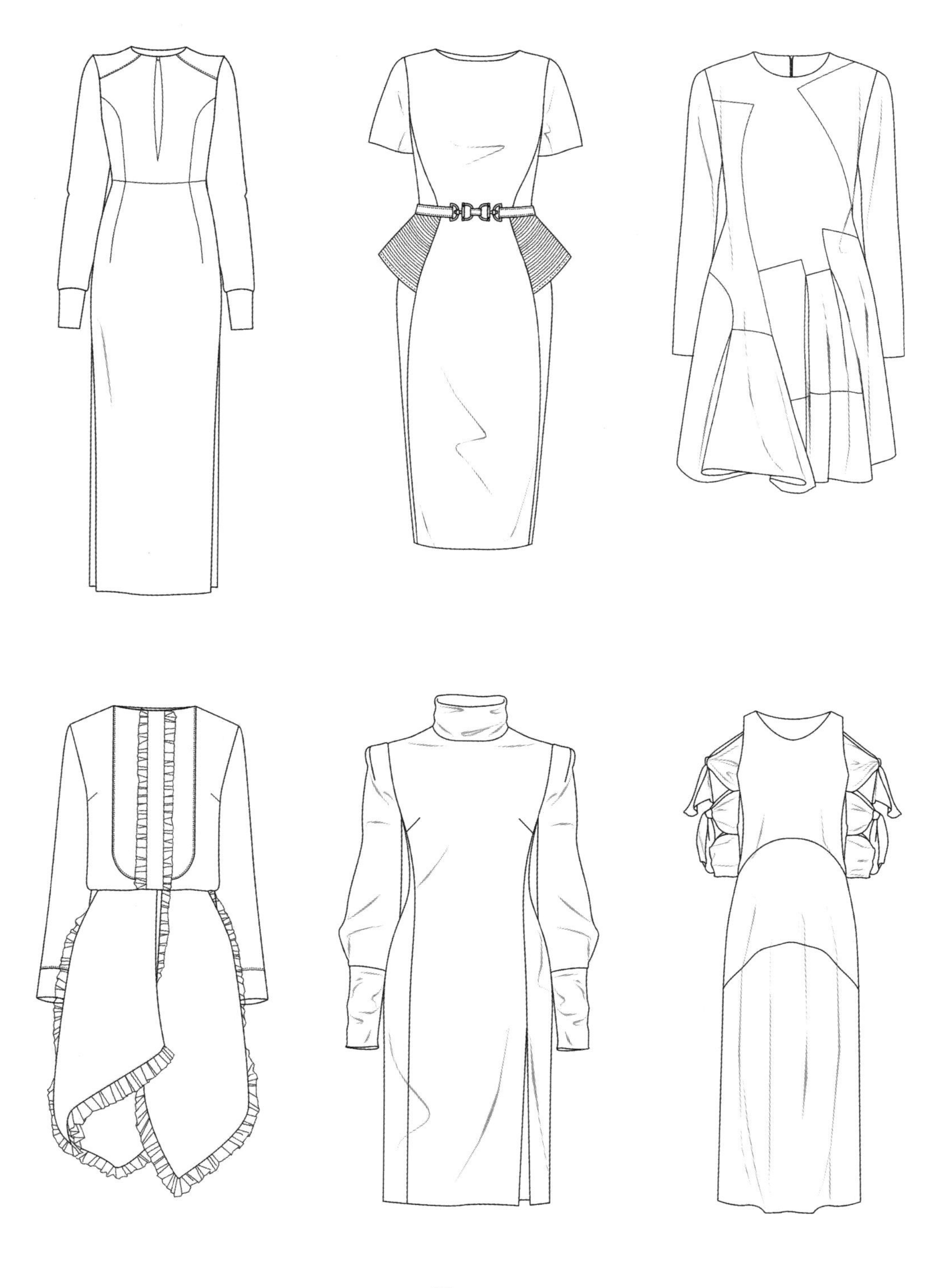

图 5-26

图 5-27

图 5-28

图5-29

八、女式西装

女式西装是从西方传入的正式着装，原本只是男士服装，但现已成为女装中不可分割的一部分。女士西装受流行因素的影响比较大，它的特点是刚健中透露出几分娇媚。除了西装领以外，常见的还有青果领、披肩领、圆领、V字领等领型。上身可长可短，长者可达大腿；短者至齐腰处。其造型自然流畅，追求的是一种自由、洒脱、漫不经心的衣着风格，也是目前比较流行的一种着装形式（图5-30、图5-31）。

图 5-30

图 5-31

九、女式夹克

夹克为英文“Jacket”的音译，原指短上衣，现多指暗扣或拉链长襟的外套。从使用功能的角度，其大致可分为三类：作为工作服的夹克；作为便装的夹克；作为礼服的夹克。夹克是人们现代生活中最常见的一种服装，由于它造型轻便，风格活泼、富有朝气，被广大男女青少年所喜爱（图5–32~图5–35）。

图5–32

图 5-33

图 5-34

图 5-35

十、女式风衣

风衣是一种防风的轻薄型大衣，适合春、秋、冬季外出穿着，由于具有造型灵活多变、休闲潇洒、美观实用、款式新颖、携带方便、富有魅力等特点，深受中青年男女的喜爱，甚至现在连老年人也爱穿着（图 5-36~图 5-40）。

图 5-36

图 5-37

图 5-38

图 5-39

图 5-40

十一、女式大衣

大衣是一种常见的外套，一般为长袖，按长度可分为长款、中长款、短款三种。面料以羊毛、羊绒、厚型呢料、动物毛皮、皮革为主。款式主要在领、袖、门襟、口袋等部位变化。款式的变化随着流行趋势不断地变化，可适合不同年龄的女性（图5-41~图5-45）。

图5-41

图 5-42

图 5-43

图 5-44

图 5-45

十二、女式羽绒服

羽绒服是指填充物为羽绒的外衣，属于棉服的一种进化物，但对比棉服穿着更为轻盈和保暖，穿着感也更加舒适。在制作上较多地使用绗缝工艺来完成，随着面料与充绒技术的提高，羽绒服的款式也正在摆脱臃肿与单调，向着更轻、更保暖、更时尚的方向发展（图5-46~图5-50）。

图 5-46

图 5-47

图 5-48

图5-49

图 5-50

十三、女式家居服

家居服是最隐私、最贴近人体皮肤的服装。随着生活水平的不断提高，它的款式设计也发展得越来越丰富。除了吊带衫、背心等款式外，内衣作为延伸设计的家居服，也变化出了丰富的款式与风格。按款式的不同可分为休闲运动型和居家舒适型，前者以针织套装为主；后者以衬衫式套装为主。此外，袍式的款式也非常普遍（图 5-51）。

图 5-51

第三节　女式下装款式设计案例分析

一、女式长裤

女式长裤是外穿裤中的一类，是指由腰及脚踝的裤装，根据裤型可分为锥形裤、直筒裤、喇叭裤、阔腿裤等（图5-52~图5-55）。

图5-52

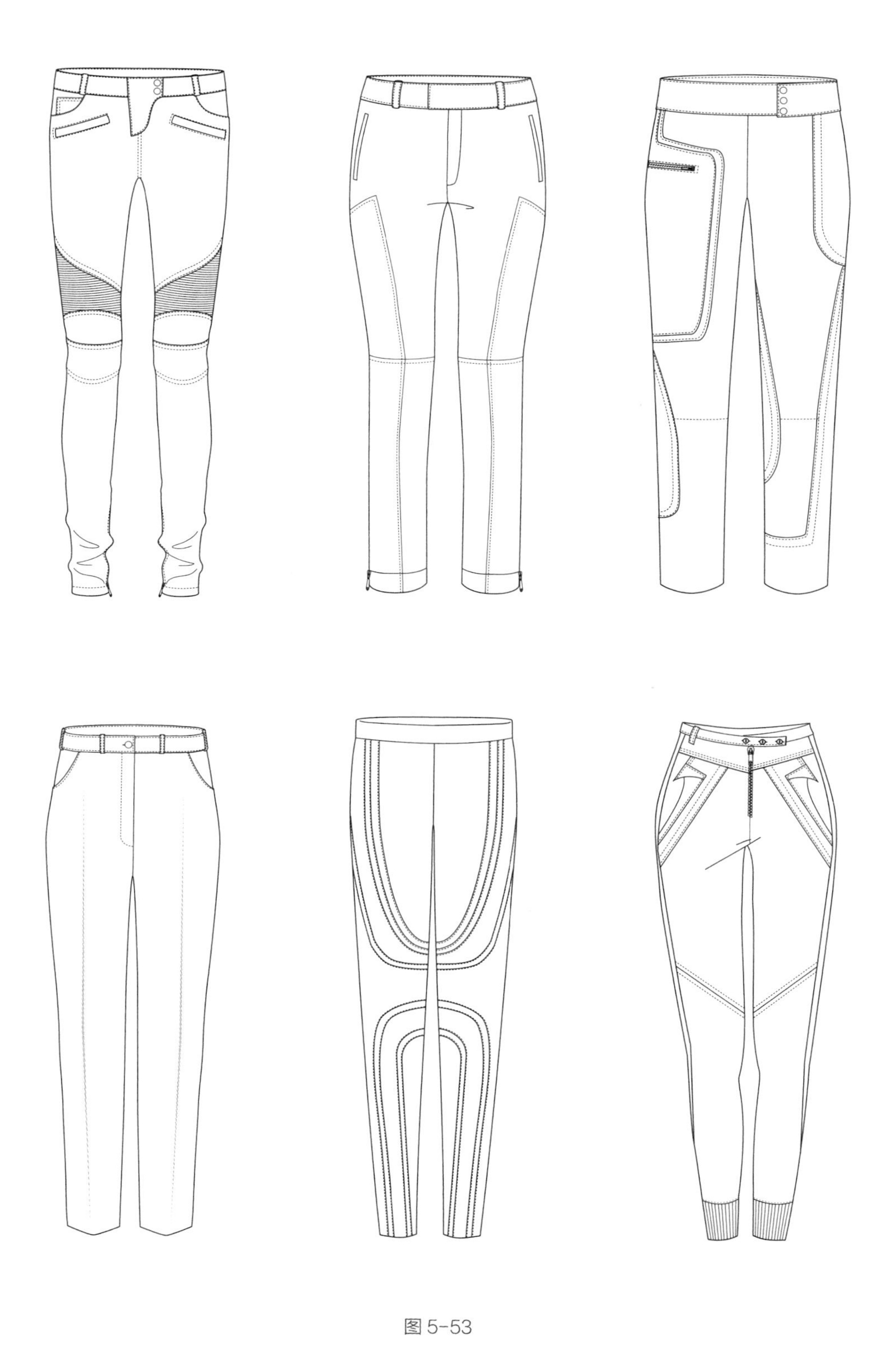

图 5-53

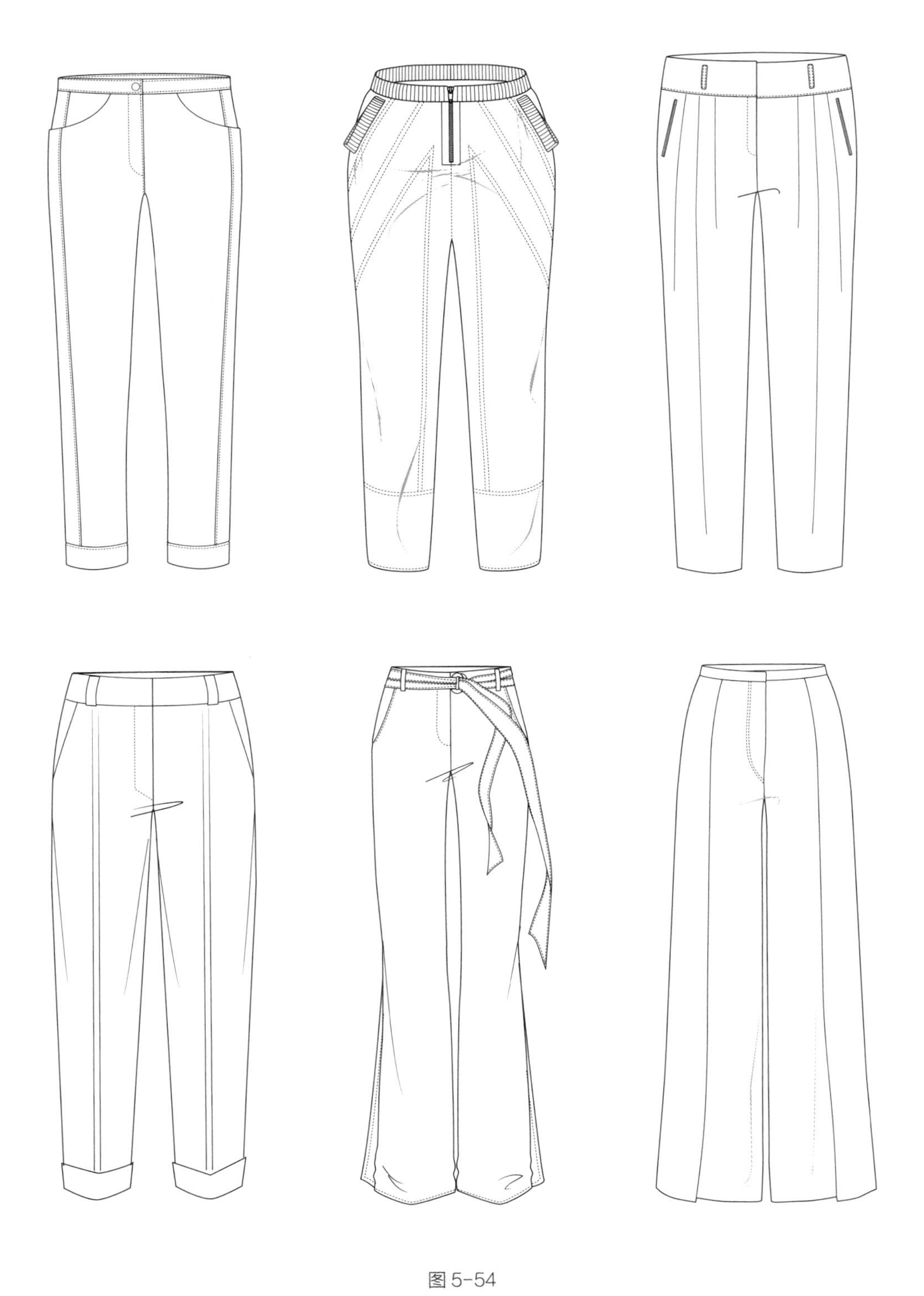

图 5-54

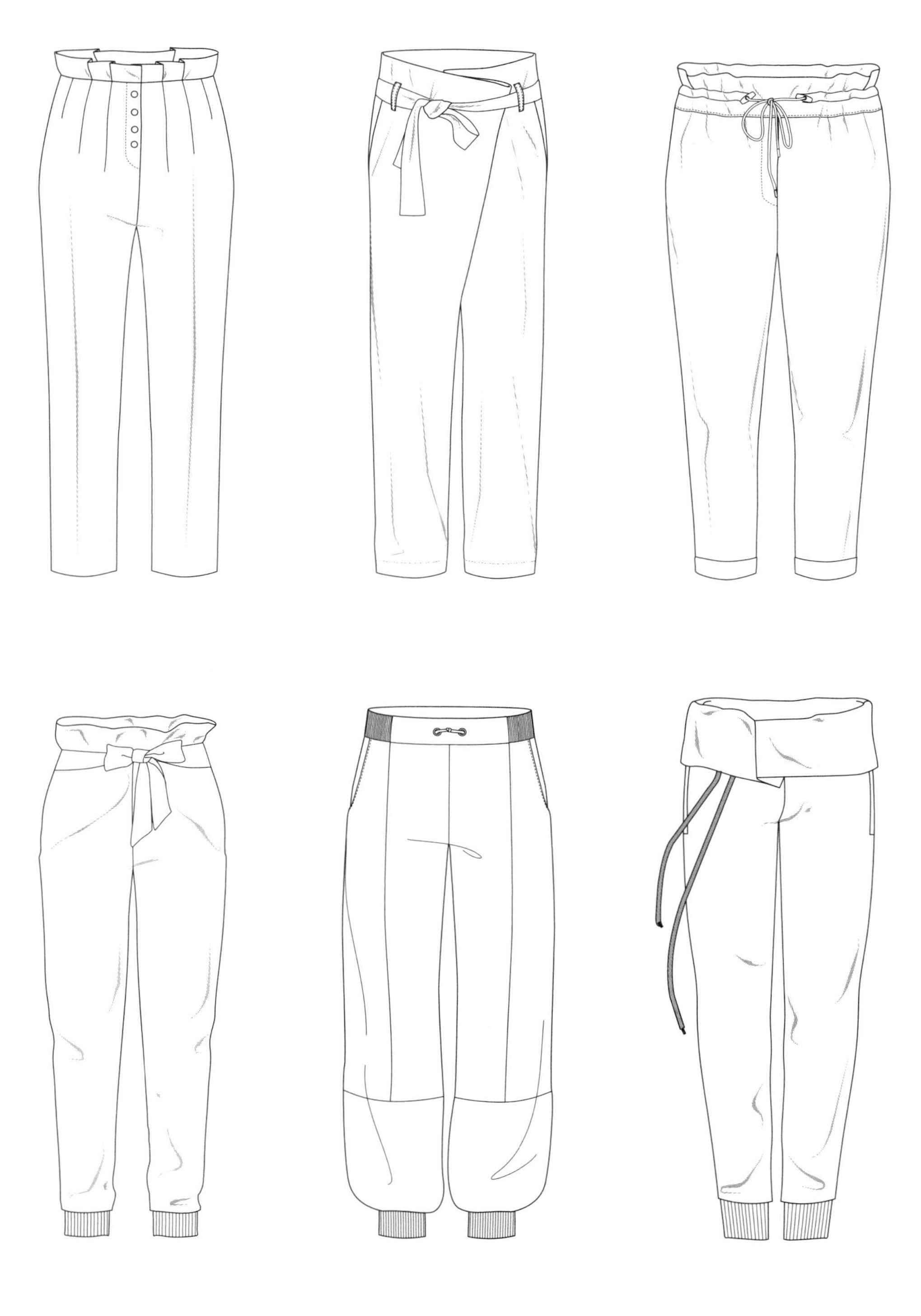

图 5-55

二、女式短裤

短裤是指夏秋季穿着的裤装，长短不一。裤子的廓型、裤口的造型与装饰决定了它的特点。因其具有舒适实用、穿着简单、时尚性感等优势，深受广大时尚爱好者的喜爱（图5-56~图5-58）。

图 5-56

图 5-57

图 5-58

三、半身裙

半身裙是女下装中的一大品类，根据长度可分为迷你裙、短裙、及膝裙、过膝裙、长裙；按裙型可分为一步裙、直筒裙、伞裙、喇叭裙、百褶裙等。款式的变化多以不同年龄人群的喜好为主，可以采用不同的面料以突破季节的限制（图5-59~图5-61）。

图 5-59

图 5-60

图 5-61

小结

1. 服装的款式由结构、质地、流行元素组合而成，每个元素的设计互相依存并融合在整体设计中，细节设计使服装风格、廓型相统一，包括功能性的细节设计与装饰性的细节设计，两者又通常融合在同一细节中。图案、颜色、搭配都是细节设计的切入点，来源于结构、依赖于质地，并相得益彰。

2. 装饰设计是指在服装原有的款式基础上，通过各种工艺形式来增加服装的整体视觉效果。

3. 功能性的细节指服装款式中的一些常规构成部件，如领子、袖子、口袋等，主要以实现服装适合人体穿着的功能。

思考题

1. 服装款式设计怎样能将细节与整体风格更好地结合？

2. 在女装款式设计中如何在整体结构造型中与局部细节巧妙融合？

案例分析及绘制练习

男装款式图解设计案例分析

课题名称： 男装款式图解设计案例分析

课堂内容： 男式上装款式设计案例分析/男式下装款式设计案例分析

课题时间： 24课时

教学目的： 让学生了解并掌握男装款式设计要点，并在此基础上让学生掌握男装款式设计的变化技法，掌握局部细节与男装款式设计结合组成技法，并进行多方位的创意拓展训练。

教学方式： 教师通过PPT讲解基础理论知识，做具体操作演示。学生在阅读、理解的基础上进行实样模仿操作练习，最后进行独立的创意设计练习。同时教师进行个别辅导，对每个同学的作业进行集体点评。

教学要求： 要求学生理解和掌握男装款式设计的要点，在掌握男装款式设计的基础上进行拓展创意练习。

课前/后准备： 课前提倡学生多阅读关于男装款式设计的书籍，课后要求学生通过反复的操作实践对所学的理论进行消化。

第六章　男装款式图解设计案例分析

第一节　男式上装款式设计案例分析

一、男式马甲、背心

马甲是指无袖上装，有时也被称为背心。不同类型的上装款式除去袖子都可以被划分到马甲款式的类别中，如吊带背心、针织背心、卫衣背心、牛仔马甲、棉服马甲、羽绒马甲等（图6-1~图6-3）。

图 6-1

图 6-2

图 6-3

二、男式衬衫

男式衬衫即穿着西装等正式服装中的内搭，现在也成为可以单独外穿的时尚单品。根据款式可分为正装衬衫、休闲衬衫、家居衬衫、度假衬衫等（图6-4~图6-7）。

图6-4

图 6-5

图 6-6

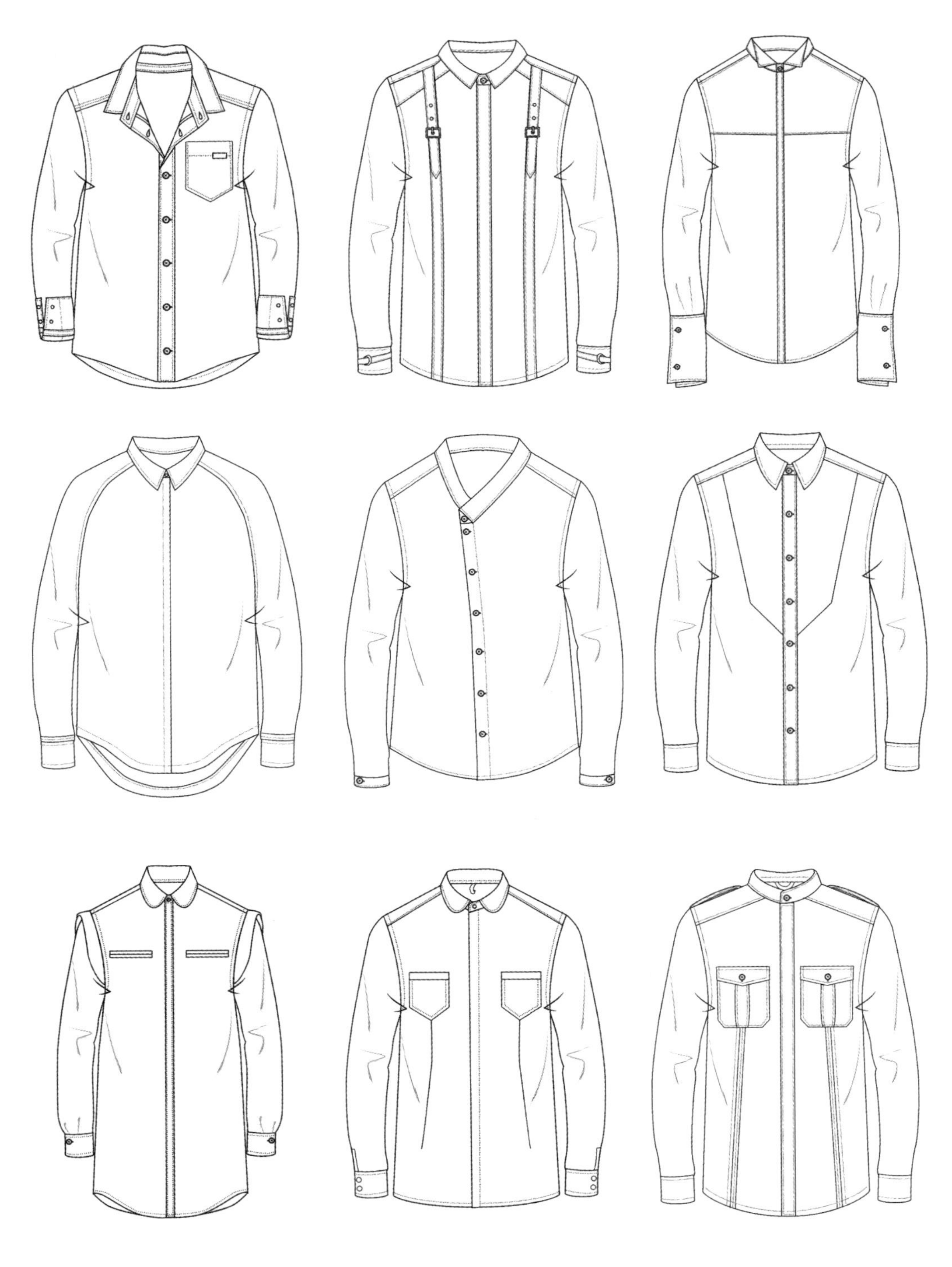

图 6-7

三、男式T恤

男式T恤是指无领或翻领的、长袖或短袖的薄款上衣，多选用棉、麻、毛、丝、化纤及混纺织物制作，具有透气、柔软、舒适、凉爽、吸汗等优点。因其具有穿着方便、易于洗剂等优势，便成为男士春夏季的日常单品。男式T恤的款式变化较少，主要从领型、袖口、下摆、图案以及局部细节上进行款式的细节变化（图6-8~图6-11）。

图6-8

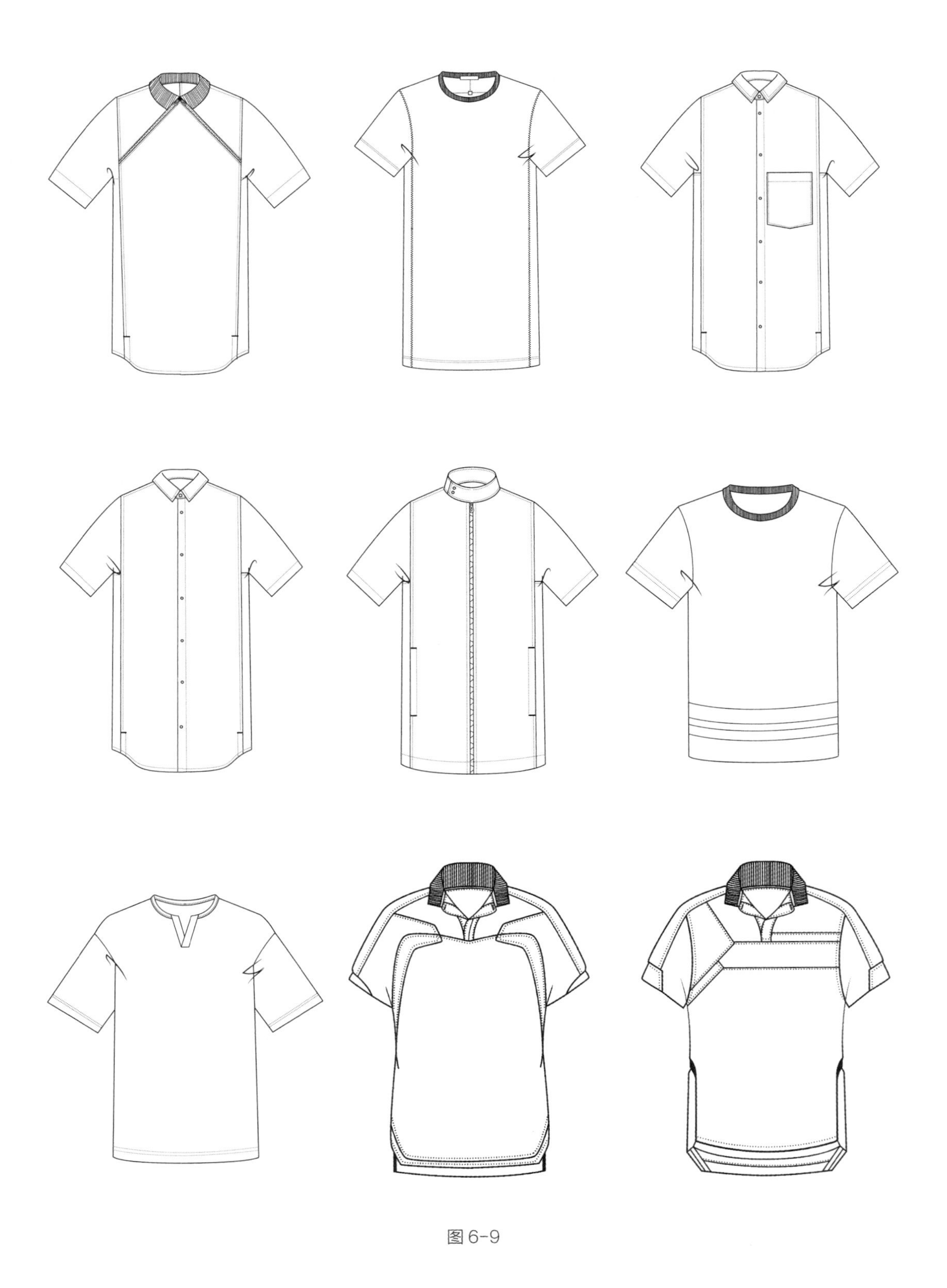

图 6-9

图 6-10

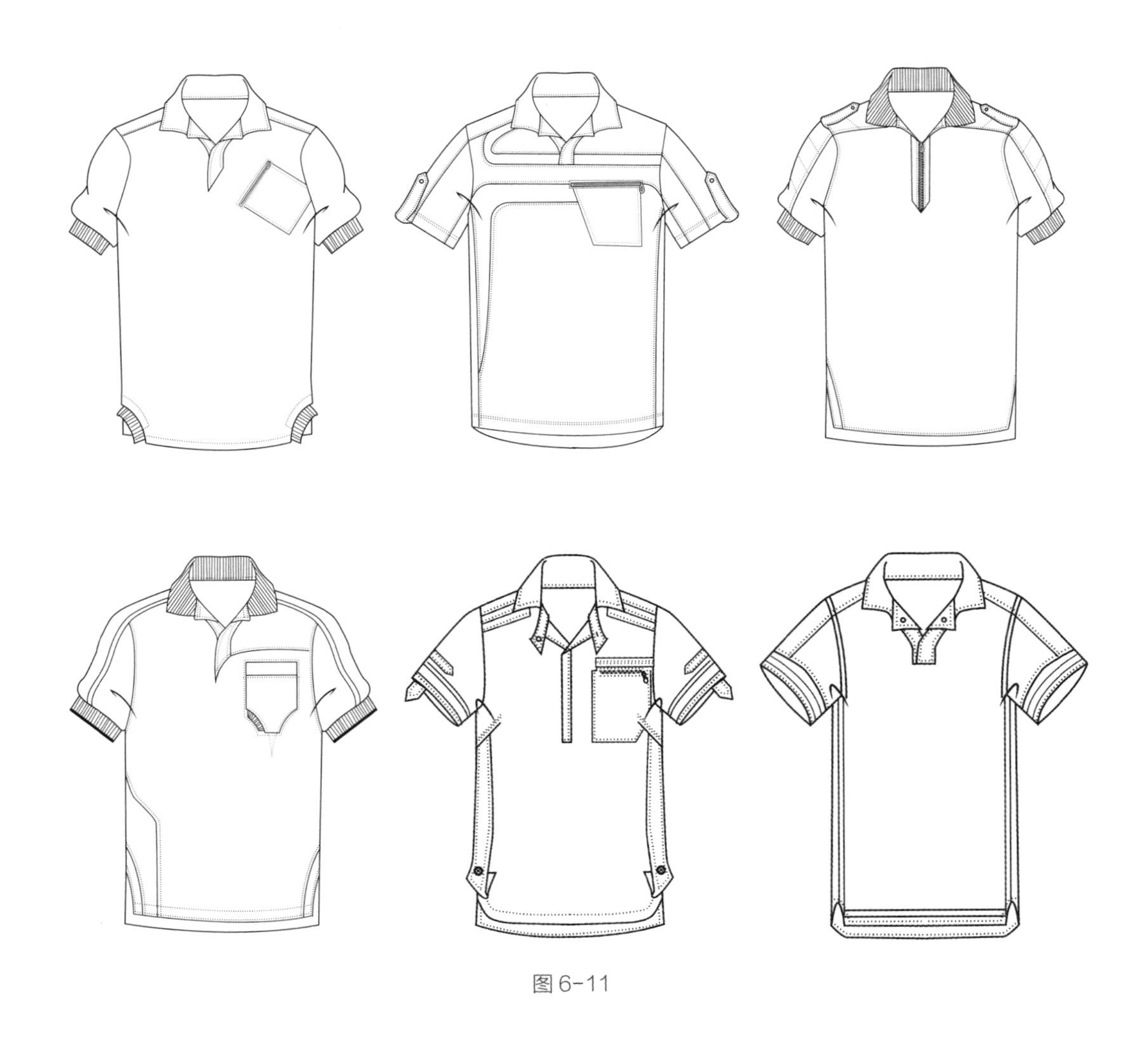

图 6-11

四、男式卫衣、运动服、牛仔服

男式卫衣是较中性的品类，许多休闲运动风格的卫衣板型宽松，有套头衫、开衫、修身衫、长衫、短衫、无袖衫等。一般领口、袖口和底边装有罗纹，有的腹部还有口袋，主要以时尚舒适为主，多为休闲风格，成为不同年龄段人群运动休闲的日常服装。

男式运动服是指专门从事体育运动和相关活动所穿着的服装，主要有运动外套、运动裤、运动背心、运动短裤等品类。随着更多人开始追求健身和休闲的生活状态，款式适度宽松的运动服深受人们的喜爱。

男式牛仔服是以牛仔布为面料裁制而成的，款式有牛仔夹克、牛仔裤、牛仔衬衫、牛仔马甲、牛仔帽等。牛仔服因其粗犷、田园、浪漫、嬉皮、野性活力等诸多气质，其独特的风格和魅力，得到全世界人民的追逐（图6-12~图6-15）。

图 6-12

图 6-13

图 6-14

图 6-15

五、男式编织衫

男式编织衫是指用棒针或者针织的方法将各种原料纱线构成线圈并套结织成的服装。编织衫质地松软有很好的抗皱性、透气性、延伸性和弹性，穿着舒适。它的厚薄取决于纱线的粗细，纱线较细的编织衫透气性较好，纱线较粗的编织衫保暖性较好。编织衫的款式有不同工艺手法完成，比较常见的编织工艺有提花、绞花不同图案与花纹等（图6-16~图6-19）。

图6-16

图6-17

图 6-17

图 6-18

图6-19

六、男式西装

男式西装是男士服装中最具性别代表性的种类，代表着穿着者的品位和地位。西装的款式也有着丰富细腻的变化，其设计主要围绕着廓型、领型等细节局部进行变化（图6-20~图6-23）。

图 6-20

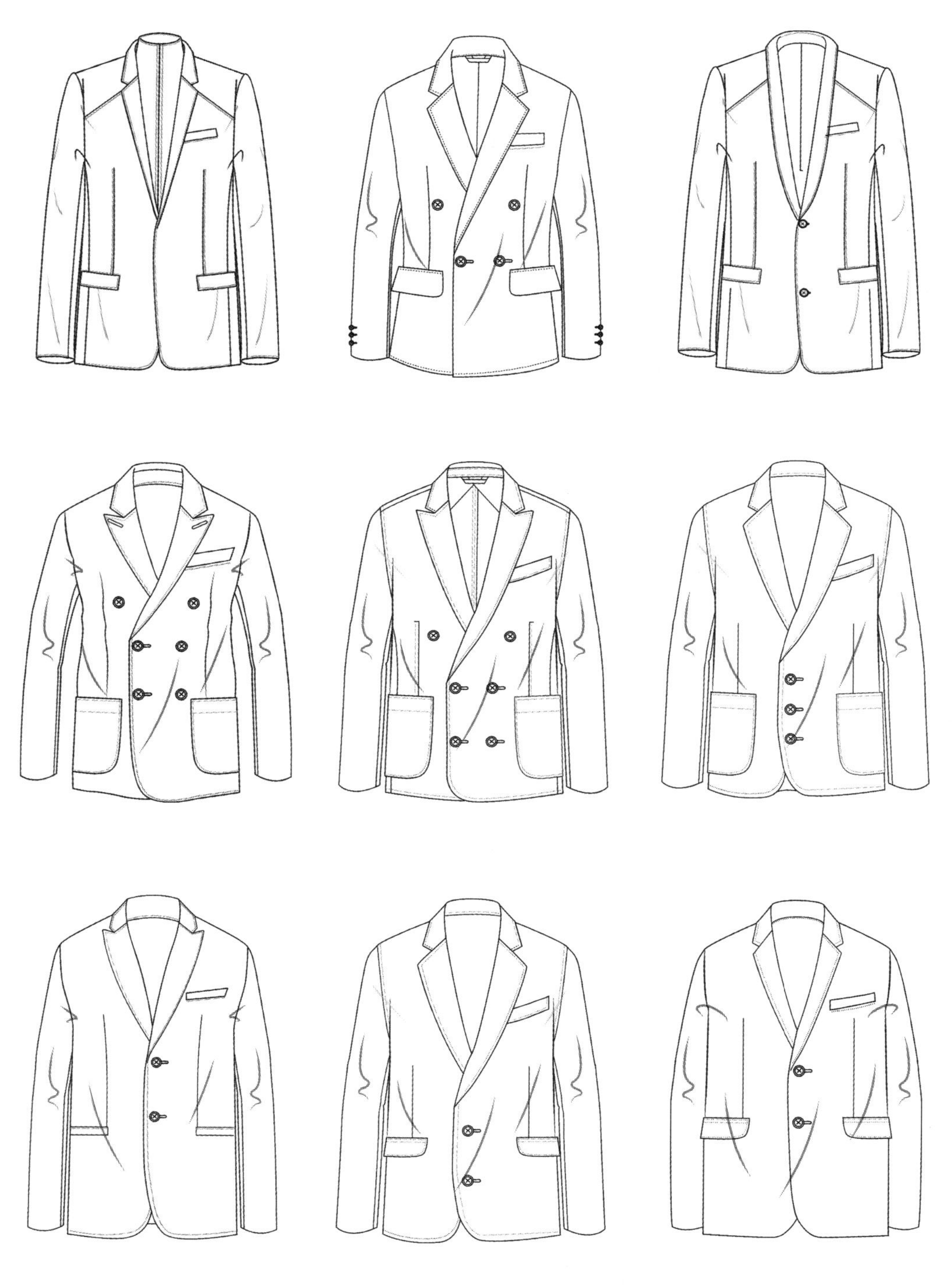

图 6-21

图 6-22

图 6-23

七、男式夹克

夹克为英文“Jacket”的音译，原指短上衣。夹克多采用翻领、对襟形式，常见类型有休闲夹克、猎装夹克、骑士夹克等，多在门襟、口袋、领型、版型上做设计变化（图6-24~图6-27）。

图 6-24

图 6-25

图 6-26

图 6-27

八、男式风衣

风衣即防风的轻薄型外衣，是服饰中的一种，具有遮风、挡雨御寒等功能，适合春、秋、冬季外出穿着，由于造型灵活多变、健美潇洒、美观实用、款式新颖、携带方便、富有魅力等特点，深受男士的喜爱（图6-28~图6-31）。

图6-28

图 6-29

图 6-30

图6-31

九、男式大衣

大衣是一种常见保暖型外套，大衣一般为长袖，按长度可分为长款、中长款、短款三种。面料以羊毛、羊绒、厚型呢料、动物毛皮、皮革较多。款式主要在领、袖、门襟、口袋等部位变化。款式的变化随着流行趋势不断地变化，适合不同年龄的男士（图6-32~图6-35）。

图 6-32

图 6-33

图 6-34

图 6-35

十、男式羽绒服

羽绒服是指内胆或夹里填充羽绒的外套，男式羽绒服造型简洁、大气、宽松、保暖性强，填充物以鸭绒为主，面料多采用高密度织物或防钻绒涂层面料。在款式制作上较多地使用绗缝工艺来完成。随着面料与充绒技术的提高，羽绒服的款式正在摆脱臃肿与单调，向着更轻、更保暖、更时尚的方向发展（图 6-36~图 6-39）。

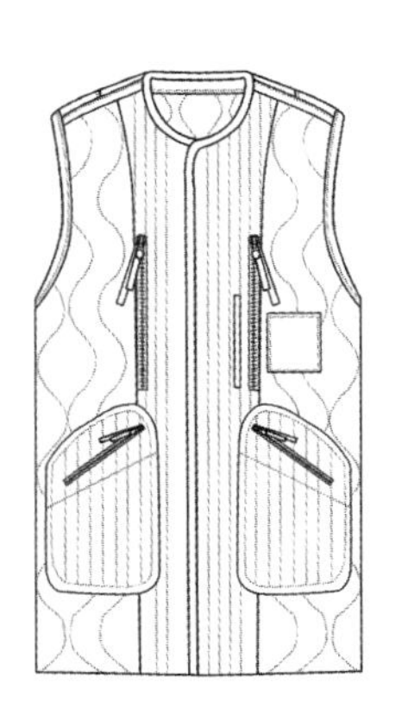

图 6-36

图 6-37

图 6-37

图 6-38

图 6-39

图 6-39

第二节　男式下装款式设计案例分析

一、男式长裤

男式长裤是外穿裤中的一类，指由腰及脚踝的裤装，包括西裤、休闲裤 、阔腿裤、牛仔裤等。根据裤型分为宽松、合体、上松下窄等不同造型（图6-40~图6-43）。

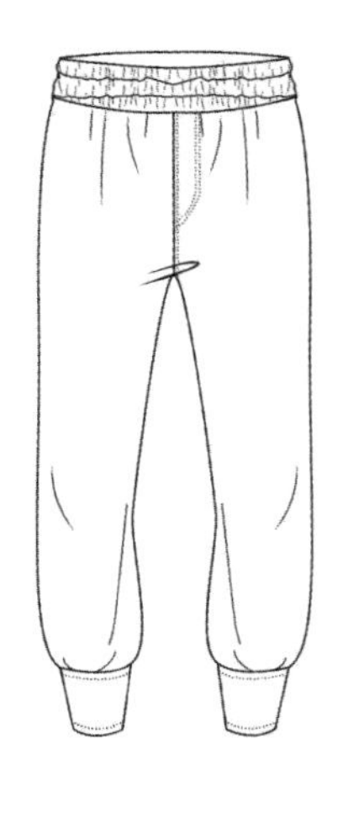

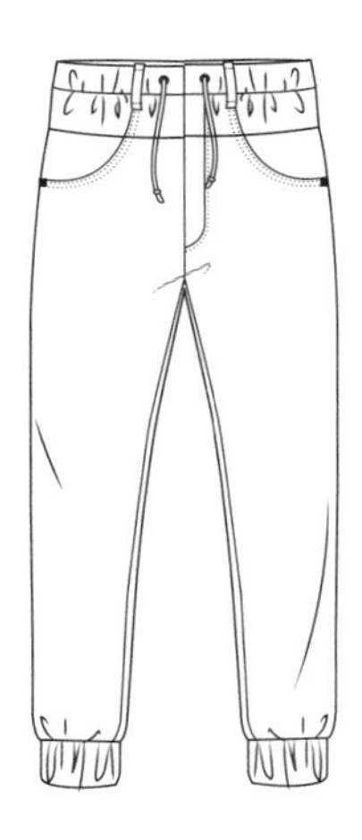

图 6-40

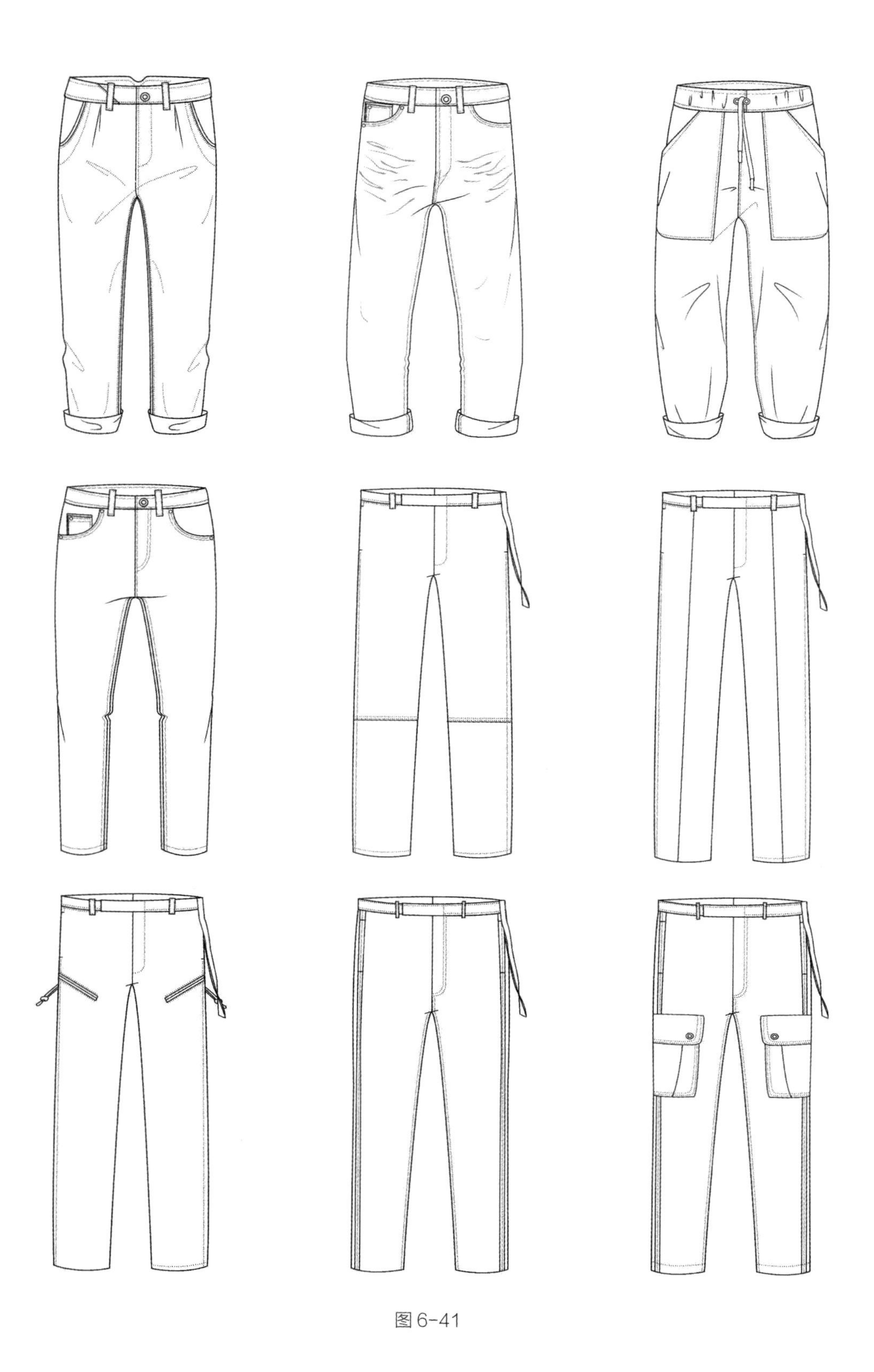

图6-41

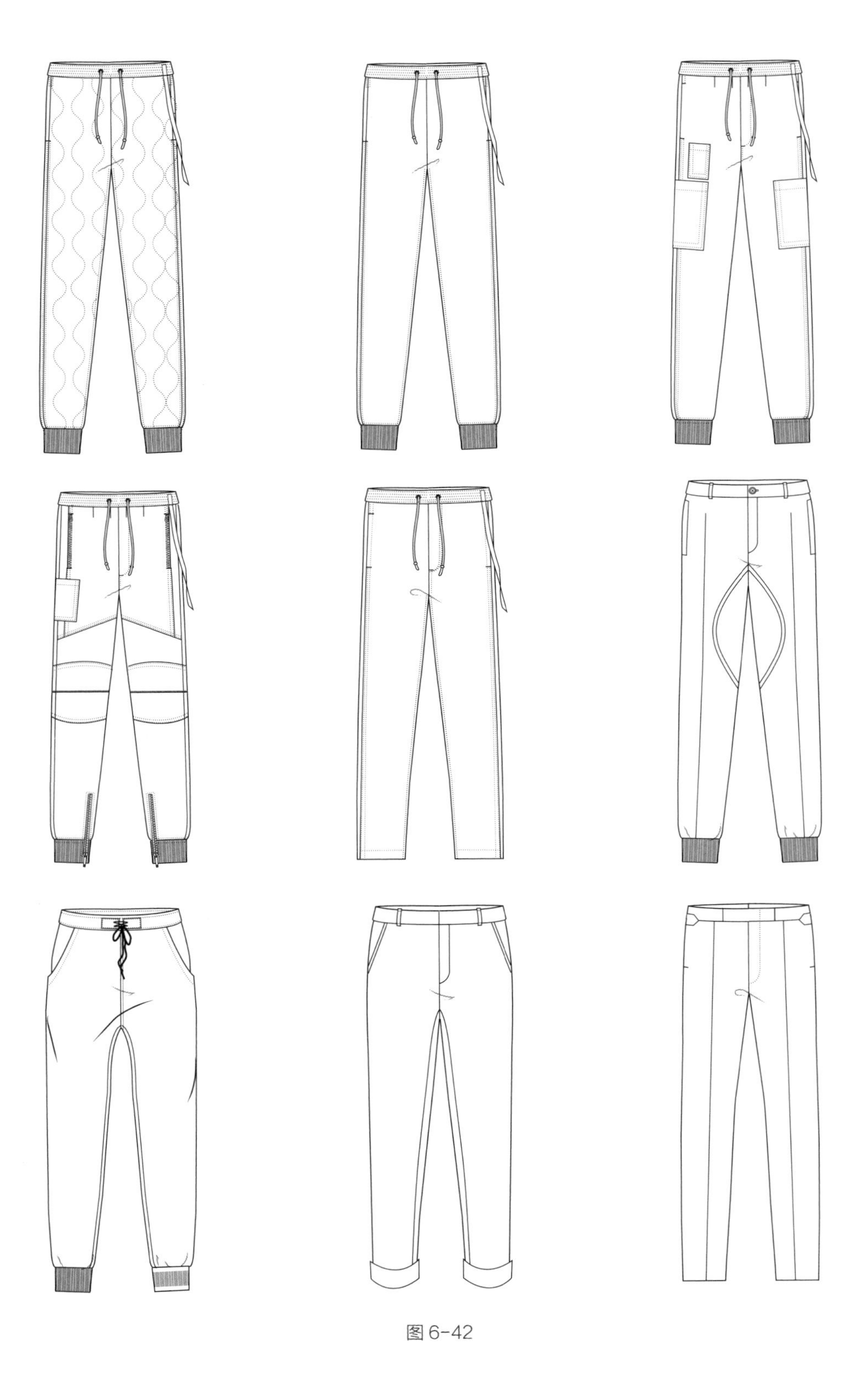

图 6-42

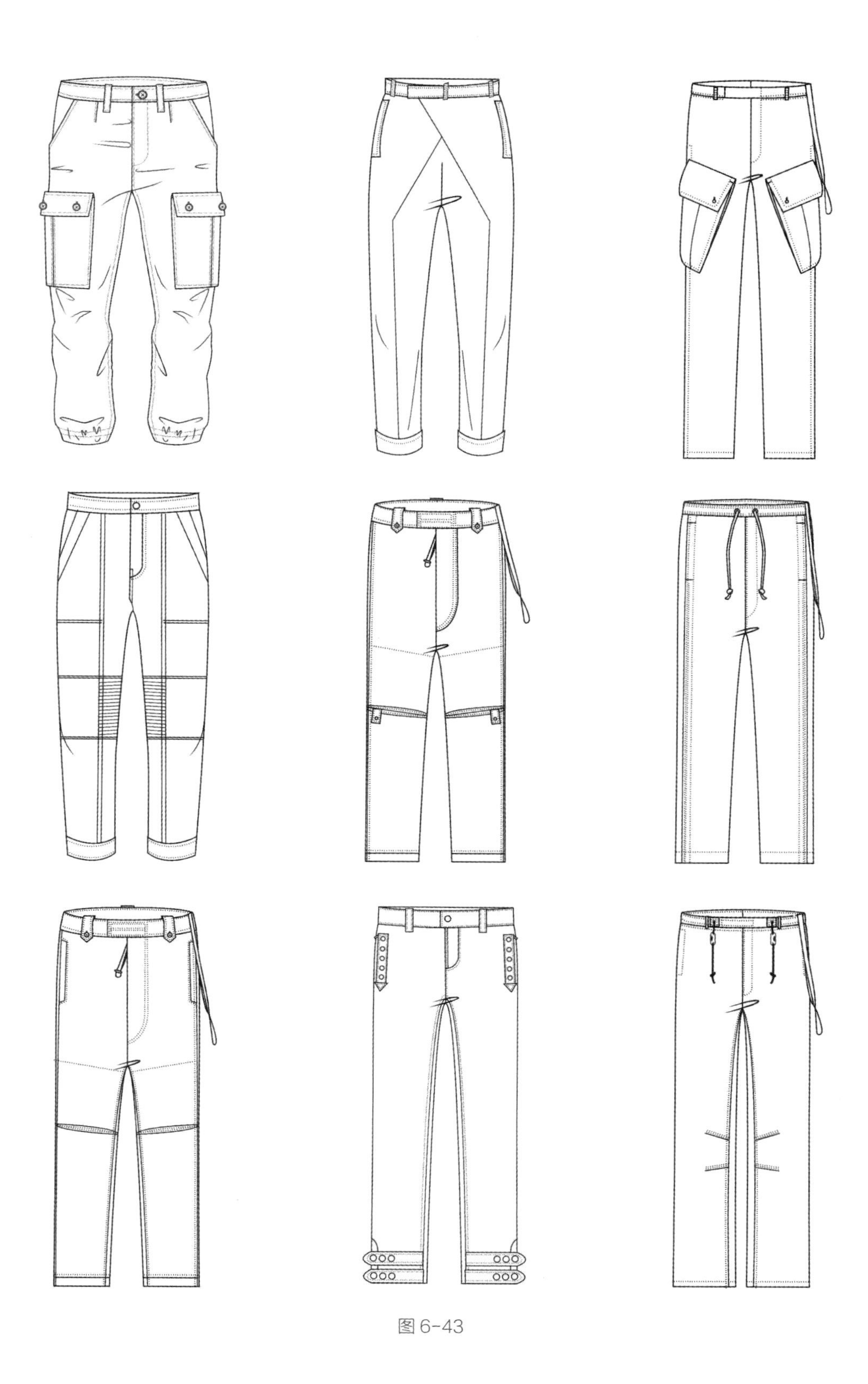

图 6-43

二、男式短裤

男式短裤是指在夏秋季穿着的下装，具有长短不一、舒适实用等优点，适合不同年龄段的男士的穿着要求。男式短裤的款式细节变化要比女式短裤更细腻（图6-44、图6-45）。

图6-44

图 6-45

小结

1. 服装的款式由每一个局部的细节设计构成，细节设计是与服装风格、廓型相统一的深入设计，包括功能性的细节设计与装饰性的细节设计，两者又通常融合在同一细节中。

2. 装饰设计是指在服装原有的款式基础上，通过各种工艺形式来增加服装的整体视觉效果。

3. 功能性的细节指服装款式中的一些常规构成部件，如领子、袖子、口袋等，主要以实现服装适合人体穿着的功能。

思考题

1. 男装款式风格有哪些分类，并说明有什么不同？

2. 对男装款式的创意设计有哪些想法？

3. 在男装款式的创意设计中遇到过哪些问题？